长江中下游水鸟调查报告

（2005年2月）

WATERBIRD SURVEY OF THE MIDDLE AND LOWER YANGTZE RIVER FLOODPLAIN

(February 2005)

Mark Barter, Lei Gang, Cao Lei *et al.*
马克·巴特，雷刚，曹垒等　著

Translated by: Yang Qin
杨琴　译

WWF

中国林业出版社
China Forestry Publishing House

图书在版编目（CIP）数据

长江中下游水鸟调查报告.2005年2月/（澳）马克·巴特等著；杨琴译.
—北京：中国林业出版社.2005年11
ISBN 7-5038-4146-X

I.长… II.①巴… ②杨… III.长江中下游平原-鸟类-调查报告-汉、英
IV.Q959.708

中国版本图书馆CIP数据核字（2005）第130213号

出版：中国林业出版社（100009 北京西城区德内大街刘海胡同7号）
网址：www.cfph.com.cn
E-mail：cfphz@public.bta.net.cn
电话：（010）66187584
发行：新华书店北京发行所
印刷：中国农业出版社印刷厂
版次：2006年1月第1版
印次：2006年1月第1次
开本：787mm×1092mm 1/16
印张：4.5
字数：100千字
定价：30元

长江中下游水鸟调查报告
（2005年2月）

主编： 马克·巴特　澳大利亚水鸟专家
雷　刚　世界自然基金会中国分会武汉办公室
曹　垒　中国科学技术大学

编委： 顾长明　安徽省自然保护区管理站
胡鸿兴　湖北省武汉大学资源与环境科学学院
纪伟涛　江西鄱阳湖国家级自然保护区管理局
蒋　勇　湖南东洞庭湖国家级自然保护区管理局
马志军　上海复旦大学生命科学学院
王　会　江苏省盐城国家级自然保护区

WATERBIRD SURVEY OF THE MIDDLE AND LOWER YANGTZE RIVER FLOODPLAIN
(February 2005)

Chief Authors:

Mark Barter Australian Shorebird Expert
Lei Gang WWF-China Wuhan Office
Cao Lei University of Science and Technology of China

Co-authors:

Gu Changming
Anhui Nature Reserve Management Bureau, Anhui Province

Hu Hongxing
Department of Environment Science, Wuhan University, Hubei Province

Ji Weitao
Management Bureau of Poyanghu National Nature Reserve, Jiangxi Province

Jiang Yong
East Dongting Lake National Nature Reserve, Hunan Province

Ma Zhiju
School of Life Sciences, Fudan University, Shanghai

Wang Hui
Yancheng National Nature Reserve, Jiangsu Province

目　录

表格目录

图目录

CONTENTS

TABLES

FIGURES

摘 要

第二次长江中下游同步水鸟调查于 2005 年 2 月中旬展开。首次调查在 2004 年 1 月下旬到 2 月初进行，调查范围遍及从三峡大坝到长江河口共约 1 850 公里。2005 年的调查地点由去年的 50 个增加到 60 个，并且有 17 处是新增加的调查地点，同时大部分地点的调查覆盖率都有所增大。

43名来自林业部门、自然保护区、研究机构和非政府机构的专业人员组成14支队伍完成了此次调查。

调查共统计到95种635 967只水鸟，各省（直辖市）分别是：江西省226 175只，安徽省158 743只，湖南省110 566只，湖北省82 104只，江苏省38 361只以及上海市20 018只。

最常见的种类是鸭科(Anatidae)，占全部统计数量的 67%，其次是鸻形目 16%，鹭类 5%，鸥类 4%。最常见的 10 种水鸟分别是豆雁(105 519 只)、小天鹅(65 114 只)、鸿雁(61 178 只)、绿翅鸭(43 037 只)、黑腹滨鹬(41 744 只)、斑嘴鸭(29 210 只)、白额雁(26 494 只)、红嘴鸥(22 616 只)、反嘴鹬(20 636 只)和夜鹭(16 934 只)。这 10 种水鸟数量占到全部统计数量的 69%。

本次调查还记录到 14 种全球受胁种和 1 种近危种。在一个或几个地点发现有 27 种水鸟的数量达到了国际重要意义的标准。

2 种全球受胁种水鸟的数量超过了目前迁飞种群的估计数量：鸿雁(统计数量为估计种群数量的 111%)和白头鹤(109%)。另有 4 个全球受胁种的估计种群数量呈现出非常高的比率，分别是白鹤 90%、小白额雁 62%、东方白鹳 40%和白枕鹤 37%。

有 4 种水鸟占估计种群数量的较高比例，它们是豆雁(91%)、小天鹅(76%)、黑鹳(61%)和罗纹鸭(40%)。另有 1 种的数量超过了目前的估计种群数量，即白琵鹭(105%)。

调查记录到有 24 处湿地达到了国际重要意义的标准。其中特别重要的地点是：江西省鄱阳湖国家级自然保护区(15 种水鸟达到国际重要意义标准)，江西省南鄱阳湖(11 种)，湖南省东洞庭湖(10 种)， 安徽省菜子湖(8 种)，江西省北鄱阳湖(7 种)，安徽省升金湖国家级自然保护区)(6 种)以及湖北省网湖(5 种)。

今年调查到的部分种类的分布及数量与去年相比有显著的变化，究其原因包括:

- 部分省份的调查面积较2004年比有明显增大;
- 年水位变化差异;
- 长江中下游平原整个水鸟越冬区域气候的年变化。

我们认为还需要获取更多这些信息，才能真正弄清影响水鸟分布及数量变化的原因。鉴于此，我们建议在2006年1月份，即中国农历年春节之前，开展第三次水鸟调查，然后再详细分析这些影响因素，从而研究讨论如何在该区域内进行长期的水鸟监测活动。

对今后工作的建议:

- 2006 年 1 月份再开展一次水鸟调查;
- 开展水鸟监测项目;
- 收集水位及天气年变化的基础数据;
- 收集重要地区水鸟记录的历史数据，以便较准确的分析水鸟种群大小及数量的变化趋势;
- 对长江中下游平原水鸟栖息地丧失的信息进行更新，并制定湿地恢复规划;
- 研究狩猎对水鸟和环境造成的压力和影响;
- 开展公众宣传活动，普及水鸟保护知识，提高公众保护水鸟爱护湿地的意识。

1 简介

长江中下游平原包括湖南、湖北、江西、安徽、江苏和上海5省1市，在该区域开展的第二次同步水鸟调查于2005年2月中旬启动。首次调查是在2004年1月下旬到2月进行，调查范围包括从三峡大坝到长江河口共约1 850公里。2005年的调查地点由去年的50个增加到60个，并且有17处是新增加的调查地点，同时大部分地点的调查覆盖率都有所增大。调查区域见图1。

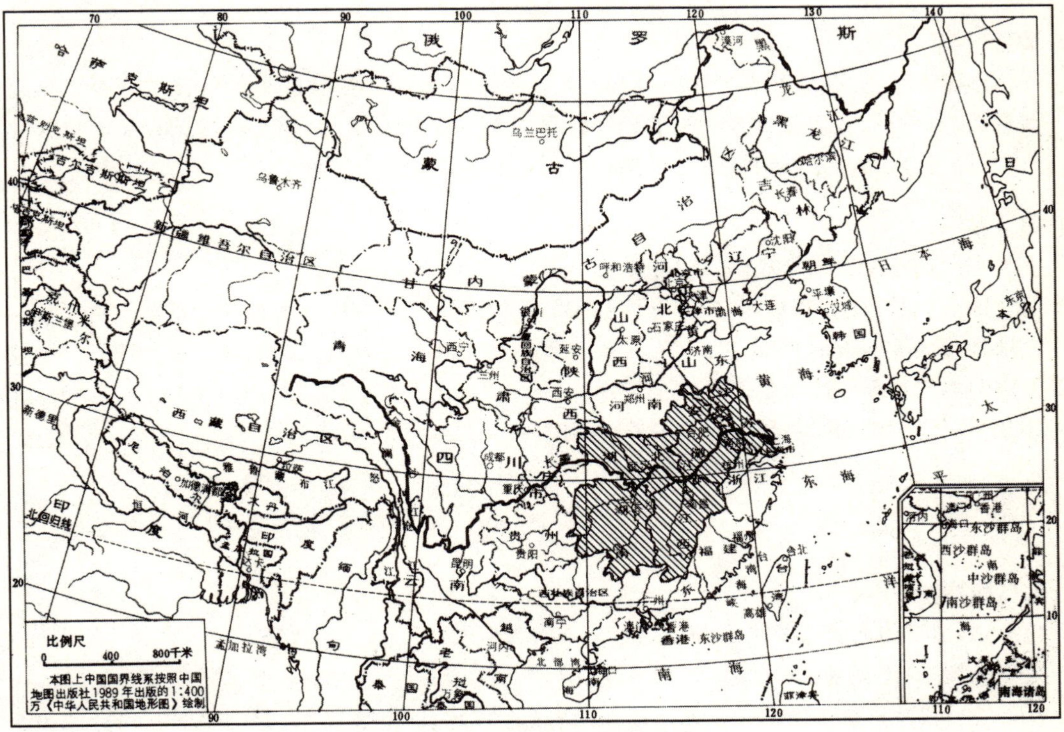

图 1 调查区域地理位置图

2004年的调查报告(巴特等著，2004)详细介绍了：

- 调查区域，长江中下游平原的水鸟种类、数量和分布，以及该地区湿地和水鸟面临的威胁；
- 确保有效保护水鸟及其栖息地需要解决的主要问题；
- 使用的方法，包括调查方法以及确定重要水鸟分布地的标准。

依照2004年调查报告的建议，2005年调查的重点是：

- 补充调查2004年未调查到的地点；
- 重复调查2004年确定的重点区域，以便对比两年水鸟分布的不同。

2004年调查报告还建议在进行新一次调查前对调查队员进行培训，这些队员分别来自政府林业部门、自然保护区、大学以及非政府组织，培训内容包括水鸟生态学、水鸟调查方法、水鸟识别和计数技术以及湿地评估方法。2004年11~12月期间在鄱阳湖国家级自然保护区进行了两期培训班，共培训人员58名。

本报告内容包括：

- 2005年调查结果及数据讨论；
- 2004年和2005年的调查比较；
- 对今后工作的建议。

2 调查方法

2005 年所用的调查方法与 2004 年相同。

2.1 调查内容

同 2004 年一样，调查在春节刚一过就开始，共有 14 个队 43 人参加了调查(详见附录 1)。

调查数据分别计入水鸟调查表和调查地信息表中(详见附录 2、3 和 4)。各调查队将数据录入到统一设计的电子表格，由专人汇总整理后再返给各领队进行核对。

2.2 调查范围

调查的地点及大致覆盖比例，详见表1。

调查地点的数量由2004年的50个增加到2005年的60个，其中17个调查地点是首次进行调查。大部分湿地的调查面积都有所扩大。对于重要性相对不高的地点，2005年没做调查，这些地点分布的水鸟数量一般不足2 000只。

2005年调查的地点平均覆盖率为72%，而2004年为64%。

3 结果

3.1 水鸟数量及分布

附录5列出了此次调查的水鸟种类总数及各省（直辖市）的分布数量。

共统计到95种635 967只水鸟，包括41 000只未识别水鸟(占总数的6.4%)。

各省（直辖市）统计的结果分别是：江西省226 175只，安徽省158 743只，湖南省110 566只，湖北省82 104只，江苏省38 361只以及上海市20 018只。

最常见的种类是鸭科(Anatidae)，包括鸭、雁和天鹅，占全部统计数量的67%，其次是鸻形目16%，鹭类5%，鸥类4%。

10种常见水鸟的种类和数量详见表2。这10种水鸟数量占全部统计数量的69%。

本次调查还记录到14种全球受胁种和1种近危种。全球受胁种(**英文黑体**)及近危种(***英文黑斜体***)的种类和数量详见附录6。

表 1　2004 年和 2005 年调查地点覆盖面积的估计值(%)

	2005 年	2004 年
湖南省		
东洞庭湖	95	70
西洞庭湖	90	70
南洞庭湖	85	70
横岭湖	80	60
毛里湖	95	70
北民湖	100	90
太白湖		100
红星垸	100	95
俞家桥	100	95
龙池湖-孔嘉湖	95	80
方台湖	100	100
东湖	90	30
长江河岸	95	80
鹤龙湖-白泥湖		100
大通湖	80	30
湖北省		
梁子湖	30	10
龙感湖	90	
太白湖	60	
网湖	90	40
斧头湖	30	
西梁湖	50	
后官湖	5	
沉湖	95	50
洪湖	30	30
石首	50	40
淤泥湖	60	
长湖	95	85
汈汊湖	100	40
新河小河口	20	
涨渡湖	90	50
武湖	90	
江西省		
鄱阳湖国家级自然保护区	100	100
九江市	87	70
南昌市	79	70
上饶市	89	70
吉安市	70	50

	2005 年	2004 年
安徽省		
升金湖	90	70
菜子湖	60	50
龙感湖	10	10
大官湖	10	25
黄湖	30	60
泊湖	30	25
武昌湖	80	75
白荡湖	50	90
枫沙湖	100	50
破罡湖		50
江苏省		
洪泽湖	38	2
宝应湖		3
高邮湖	47	1
新华沙沟		100
大纵湖		100
杨中	80	10
滁河入河口	100	100
七里河入河口	85	85
尚湖	100	100
石白湖	50	
固城湖	99	
太湖	32	
阳澄西湖-昆承湖	65	
兴隆沙	60	
高淳县	100	
常州港	100	
上海市		
横沙岛		100
崇明岛	80	50
内陆湿地	80	
九段沙湿地	50	
沿江滩涂	50	60

表 2 10 种常见水鸟的种类和数量

种类	数量（只）	种类	数量（只）
豆雁	104 519	小天鹅	65 114
鸿雁	61 178	绿翅鸭	43 037
黑腹滨鹬	41 744	斑嘴鸭	29 210
白额雁	26 494	红嘴鸥	22 616
反嘴鹬	20 636	夜鹭	16 934

3.2 国际重要水鸟

3.2.1 摘要

本次调查在一个或多个调查地点共发现27种达到了国际重要意义标准的水鸟种类。这27种水鸟的种类及分布地点的数量详见表3。

表 3 调查区域内达到国际重要意义标准的水鸟种类及对该物种分布有重要影响的湿地数量

种类	分布地点的数量	种类	分布地点的数量
白琵鹭	11	绿翅鸭	2
豆雁	9	鹤鹬	2
小天鹅	8	黑腹滨鹬	2
鸿雁	8	卷羽鹈鹕	1
东方白鹳	7	大白鹭	1
黑鹳	7	夜鹭	1
灰鹤	6	小白额雁	1
白头鹤	5	灰雁	1
白额雁	4	斑嘴鸭	1
凤头鸊鷉	3	白鹤	1
反嘴鹬	3	白枕鹤	1
凤头麦鸡	3	环颈鸻	1
普通鸬鹚	2	黑尾塍鹬	1
罗纹鸭	2		

3.2.2 全球受胁种

调查记录到鸿雁的数量(61 178只)超过目前的全球估计种群数量(55 000只)，白头鹤数量(1 088只)高于迁飞种群数量(1 000只)。

本次调查还统计到大量的其他鹤类：占全球估计种群总数90%的白鹤(2 693只)和占区域种群数量37%的白枕鹤(1 491只)。

小白额雁的数量(8 636只)为估计迁飞种群数量的62%，东方白鹳(1 194只)为全球估计种群数量的40%。

3.2.3 其他种

白琵鹭的数量(6 853只)超过了迁飞估计种群数量(6 500只)。其他统计到的占其迁飞估计种群数量较大比例的有：豆雁(91%)，小天鹅(77%)，黑鹳(61%)，罗纹鸭(42%)，反嘴鹬(21%)和白额雁(20%)。

3.2.4 2004年和2005年数据比较

2005年调查共统计到水鸟635 967只，比2004年(515 896只)多120 071只(增长18.9%)。

鸟类种群数量虽然在鸥类、鹤类和鹳类有所下降，但整体上两年调查到的主要水鸟种类的数量非常相近（详见表4）：

表 4 2004 年和 2005 年不同种类水鸟数量占总调查数量的百分比

	2005 年（%）	2004 年（%）
鸭科	67.3	65.6
鸻形目	15.5	16.5
鹭类	5.1	5.0
鸥类	4.4	6.9
鹤类	1.1	1.5
鹳类	0.2	0.3

与 2004 年相比，分别有 6 种水鸟的数量显著增多或减少（详见表 5、表 6）。

表 5 2005 年比 2004 年数量显著增加的水鸟

	2004 年	2005 年	增长(%)
小天鹅	30 925	65 114	111
普通鸬鹚	4 684	9 511	103
反嘴鹬	10 538	20 636	96
凤头䴙䴘	2 005	3 036	51
灰鹤	1 268	1 689	33
豆雁	79 758	104 519	31

表 6 2005 年比 2004 年数量显著减少的水鸟

	2004 年	2005 年	降低比(%)
小白额雁	16 937	8 636	49
白枕鹤	2 716	1 491	45
黑鹳	108	61	47
鹤鹬	15 274	9 527	39
东方白鹳	1 697	1 194	30
罗纹鸭	18 634	14 763	20

分析两年间水鸟种类和数量及其分布变化的影响因素是个复杂的过程，原因是：

- 2005 年的调查范围比 2004 年明显增大；
- 年水位变化；
- 长江中下游平原整个水鸟越冬区域的气候条件年变化。

需要收集更多调查区域内的水位及气候变化的信息，以便确定影响水鸟种类、数量及分布变化的原因。计划在 2006 年 1 月进行第三次水鸟调查后结合 3 次调查结果再进行详细探讨。

3.3 国际重要地点

3.3.1 摘要

在这次调查中，共有24处调查地点至少有一种水鸟的数量达到了国际重要意义的标准(图2)。

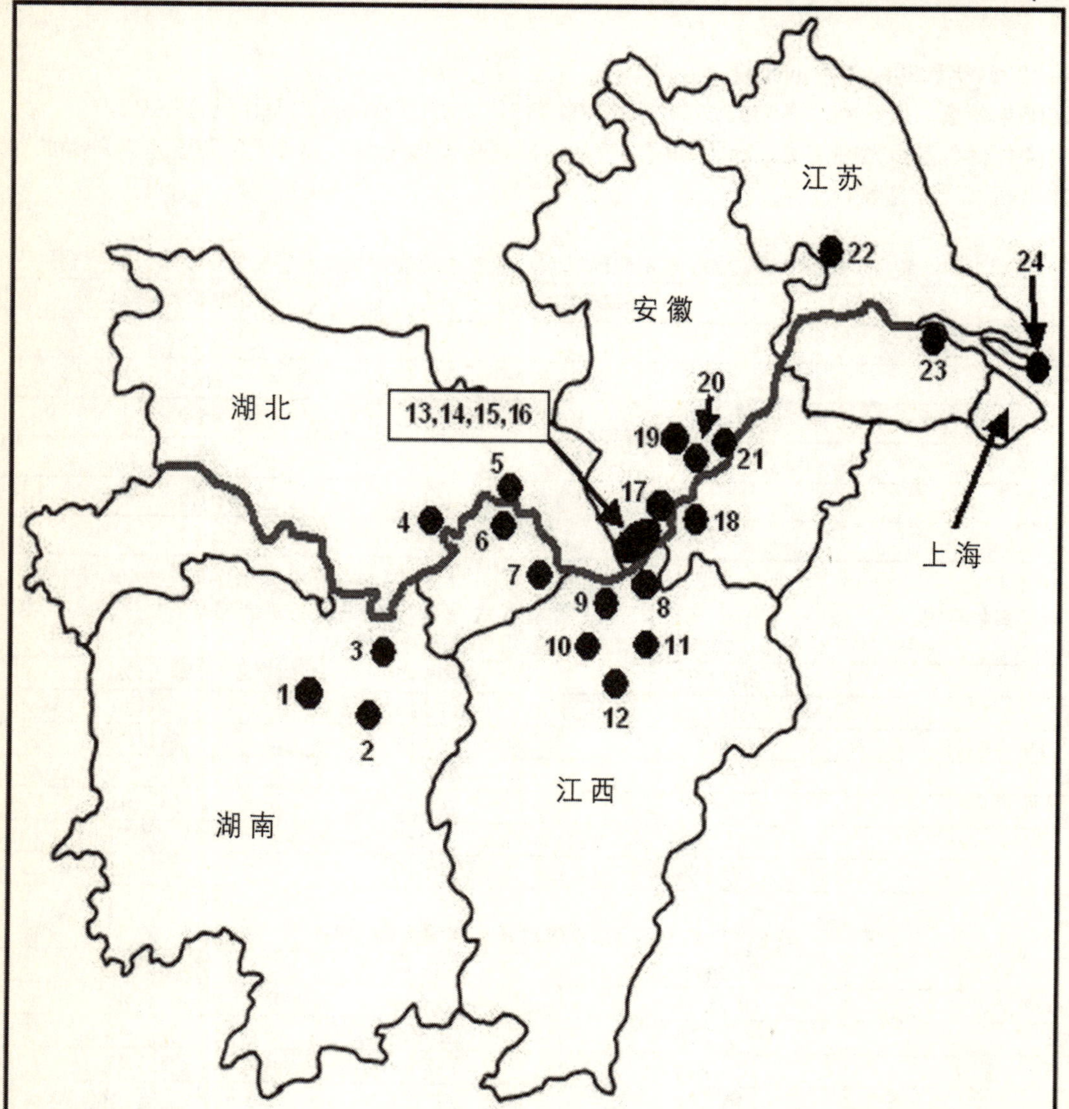

图2 2005年调查结果显示的拥有达到国际重要意义标准的水鸟的地点分布

1. 西洞庭湖 2.横岭湖 3.东洞庭湖 4. 沉湖 5.涨渡湖 6.梁子湖 7.网湖 8.芳湖 9.北鄱阳湖 10.鄱阳湖国家级自然保护区 11.东鄱阳湖 12.南鄱阳湖 13.龙感湖 14.大官湖 15.黄湖 16. 泊湖 17.武昌湖 18.升金湖国家级自然保护区 19.菜子湖 20.白荡湖 21.枫沙湖 22.高邮湖 23.尚湖 24.崇明东滩

这些重要地点的名称及各地点水鸟的种类数详见表7。

表 7　重要地点名称以及各地点达到国际重要意义标准的水鸟种类的数量

调查地点	水鸟种类	调查地点	水鸟种类
鄱阳湖国家级自然保护区	15	东鄱阳湖	3
南鄱阳湖	11	武昌湖	2
东洞庭湖	10	龙感湖	2
菜子湖	8	梁子湖	1
北鄱阳湖	7	涨渡湖	1
升金湖	6	尚湖	1
网湖	5	高邮湖	1
黄湖	4	芳湖	1
沉湖	4	崇明东滩	1
白荡湖	3	大官湖	1
枫沙湖	3	泊湖	1
西洞庭湖	3	横岭湖	1

位于江西省的各调查地点(鄱阳湖内或临近地点)可合并为 5 个区域：鄱阳湖国家级自然保护区，北鄱阳湖，西北鄱阳湖，南鄱阳湖和东鄱阳湖。这 5 个区域包括了 2004 年确认的达到国际重要湿地标准的 11 个地点。

大量具有国际重要性的水鸟广布在鄱阳湖区，再一次说明了鄱阳湖在水鸟保护方面的重要地位。

3.3.2　2004年和2005年调查数据比较

相比 2004 年的调查数据，2005 年数据结果显示，鄱阳湖国家级自然保护区分布的全球最重要的水鸟种类由 12 种增加到 15 种。

许多重要的水鸟在不同地点分布的数量变化与调查范围的增大及水位和气候的年变化有关。这些变化的深入分析将在 2006 年的调查完成后进行。

4 讨论

本次调查再一次验证了 2004 年的调查结果具有很高的可信度，即长江中下游平原作为水鸟的越冬区具有特殊的重要性。2005 年统计到的水鸟数量较 2004 年有显著增加，可能主要是因为调查范围的扩大，同时气候也可能是一个重要的影响因素。

部分水鸟的数量和分布比 2004 年有显著的变化。而要对这一变化作出详尽地分析，收集这两年在相同时间段内的水位变化和气候影响的数据是非常重要的，今后的调查也需要收集这些数据。认真分析这些影响因素，是开展一个有效的监测项目以及确立一个相适应的保护区工作体系的重要先决条件。

要最终确认重要地点，需要清晰划定湿地的边界。湿地范围常由于水位的变化而发生变动。在连续多年的低水位情况下，湿地可能会分裂成许多独立的小片。而当水位升高后，许多以前互不相连的小片湿地可以融合成一体。在开展明年的调查并对 3 年的调查结果进行分析前，应该首先统一并确定湿地的边界。鄱阳湖就是个很好的例子。今年就将其同周边的湿地合并，划分为五大区域。不过还需要同非常了解鄱阳湖的人士开展进一步的讨论，才能最终划定边界区。同样的讨论对于确定洞庭湖及其周边主要的湿地复合地的范围也很有必要。应该尽最大的可能按照生态单元的标准来确定湿地范围，但按照行政区划来界定范围或许也是必要的(如以县为界)，因为从实行保护的角度来看，这样的划分可操作性更强。

在2006年调查开始之前确定关键监测地点是很重要的，这样就可以收集这些地点的水鸟数量及分布的数据。2006年也可以考虑尝试覆盖2004年或2005年没有调查过的地点。

总之，本次调查很好地达到了预期目标，即为了建立一个有效的监测机制，来更多地收集水鸟数量和分布的数据，对2004年确认的关键地点进行了二次调查，同时还扩大到2004年没有调查到的地点。

5 建议

建议今后开展以下工作：

1.2006年初开展第三次调查，包括；

- 2004年和2005年没有调查到的地点；
- 挑选出2004年和2005年确认的关键区域进行调查，以便比较年度之间水鸟数量和分布变化的更多信息；

2. 针对关键物种开展监测活动，如全球受胁种和那些在长江中下游平原有重要意义的物种；
3. 收集3次调查的以下数据：
   - 各年度的水位变化；
   - 水鸟在中国整个越冬区栖息期间的天气变化因素。
4. 从省林业部门和大学研究所搜集历史数据，来帮助确定是否水鸟的种群规模和数量一直已来已经发生了变化。
5. 整理并更新长江中下游平原湿地变化的数据，为湿地恢复规划提出建议；
6. 分析狩猎对湿地造成的压力，并更新1978~1992年间的研究信息(当时的结论是，长江中下游地区所有越冬水禽每年有50%死于当地猎人的捕杀)。
7. 开展宣传教育活动，宣传长江中下游平原对水鸟的重要性，并介绍保护水鸟的方法和渠道。

6 致谢

世界自然基金会（荷兰）和世界自然基金会汇丰银行长江项目为本次调查提供了资助，国家林业局、六省市的林业部门、自然保护区工作人员和调查队员们通力合作，计划并出色地完成了此次调查工作。在此我们一并表示感谢。

7 参考文献

马克·巴特，陈立伟，曹垒，雷刚 著. 陈立伟 译. 长江中下游水鸟调查报告(2004 年 1~2 月). 北京：中国林业出版社，2004 年 9 月

SUMMARY

The second comprehensive, simultaneous count of waterbirds in the middle and lower Yangtze River floodplain was conducted during the second half of February 2005. The first count was conducted in late January/early February 2004. Most of the important wetlands between the Three Gorges Dam and the Yangtze estuary, a distance of 1 850 km, were visited. The number of wetlands surveyed increased from 50 in 2004 to 60 in 2005, with 17 being visited for the first time. There was improved coverage of the majority of the wetlands that were visited in both years.

The survey was conducted by 14 teams comprising 43 people drawn from provincial forestry bureau, nature reserve and university staff, and local NGOs.

A total of 635,967 waterbirds of 95 species was counted. Provincial totals were Jiangxi – 226,175, Anhui – 158,743, Hunan – 110,566, Hubei – 82,104, Jiangsu – 38,361 and Shanghai Municipality – 20,018.

The most common species group was the *Anatidae* (ducks, geese and swans) comprising 67% of the waterbirds counted; next were shorebirds (16%), herons and egrets (5%), and gulls (4%). The ten most common species counted were Bean Goose (104 519 individuals), Tundra Swan (65 114), Swan Goose (61 178), Common Teal (43 037), Dunlin (41 744), Spot-billed Duck (29 210), Greater White-fronted Goose (26 494), Common Black-headed Gull (22 616), Pied Avocet (20 636) and Black-crowned Night-Heron (16 934). These ten species comprised 69% of the total waterbirds counted.

Fourteen globally-threatened species and one near-threatened species were encountered. Twenty-seven species were found to be present in internationally important numbers at one or more sites.

The numbers of two globally-threatened species exceeded the current flyway population estimates, i.e. Swan Goose (111% of the estimated population) and Hooded Crane (109%). Four other globally threatened species were present in very high proportions of their estimated populations: Siberian Crane (90%), Lesser White-fronted Goose (62%), Oriental White Stork (40%) and White-naped Crane (37%).

Another four species were present at high proportions of their estimated populations, i.e. Bean Goose (91%), Tundra Swan (76%), Black Stork (61%) and Falcated Duck (42%), whilst one species exceeded their current estimated population size, i.e. Eurasian Spoonbill (105%).

A total of 24 sites have been identified in this survey at which at least one waterbird species has been recorded in internationally important numbers. Particularly important sites were: Poyang Hu NNR (15 internationally important species) in Jiangxi Province, S Poyang Hu (11) in Hunan Province, East Dongting Hu (10) in Hunan Province, Caizi Hu (8) in Anhui Province, N Poyang Hu (7) in Jiangxi Province, Shengjin Hu NNR(6) in Anhui Province and Wang Hu (5) in Hubei Province.

There were significant changes in the abundance and distribution of some species but analysis of these changes is complicated due to:

- the greatly improved coverage achieved in some Provinces in 2005;
- changes in water levels between years, and
- changes in weather conditions between years throughout the non-breeding ranges of waterbirds occurring in the Yangtze floodplain.

More information will be needed on the extent of these changes in order that reasons for differences in species abundance and distribution can be ascertained. It is planned to explore these changes in detail when three years of results are available after the January 2006 survey is completed.

Recommendations are made concerning the need for:

- a further survey in 2006;
- a waterbird monitoring programme;
- collection of essential data on water levels and weather;
- a compilation of historical count data to assist in determining trends in population sizes and waterbird numbers at key sites;
- updated information on historical wetland habitat loss in the middle and lower Yangtze River floodplain and future plans for wetland modification in the region;
- a study of waterbird hunting pressure;
- public awareness programmes to explain the importance of the middle and lower Yangtze River floodplain for waterbirds and measures that can be taken to conserve them.

1 INTRODUCTION

The second comprehensive, simultaneous count of waterbirds in the middle and lower Yangtze River floodplain, covered Hunan Province, Hubei Province, Jiangxi Province, Anhui Province, Jiangsu Province and Shanghai Municipality (Figure 1), was conducted in the second-half of February 2005. Most of the important wetlands between the Three Gorges Dam and the Yangtze estuary, a distance of 1,850 km, were visited. The first count was conducted in late January/early February 2004.

Figure 1. The middle and lower Yangtze River floodplain lies within the provinces of Hunan, Hubei, Jiangxi, Anhui and Jiangsu, and Shanghai Municipality.

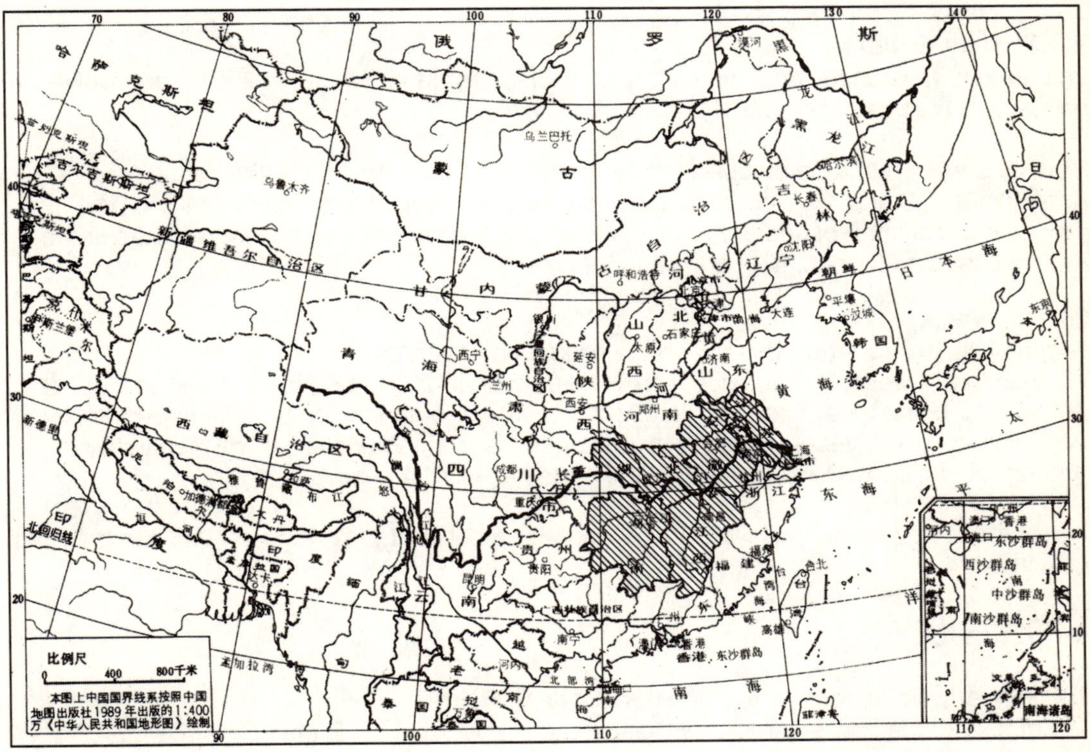

The report on the 2004 survey (Barter *et al.* 2004) provided detailed information on the:

- survey area, waterbirds of the floodplain, and the threats to the region's wetlands and waterbirds ;
- key problems that have to be solved to ensure effective conservation of waterbirds and their habitats; and
- methods used, including how the survey was conducted and the criteria used to identify important waterbird concentrations.

Following recommendations in the 2004 report, the 2005 survey focused on

- covering areas that had not been visited in 2004; and
- surveying key areas identified in 2004 in order to obtain a comparison between waterbird distributions in the two years.

Another recommendation of the 2004 report was that courses be held before the survey to train counters (forestry bureau, nature reserve and university staff, and NGO representatives) in waterbird ecology, surveying, identification and counting techniques, and wetland assessment. Two 6-day courses were held at Poyang Hu National Nature Reserve in November and December 2004 and were attended by 58 people.

This report:

- details and discusses the results of the 2005 survey;
- compares the 2004 and 2005 counts; and
- presents recommendations for future work.

2 METHODS

The methods used in the 2005 survey were similar to those employed in 2004.

2.1 Survey details

The survey was conducted immediately after Chinese New Year, as in 2004, and involved 43 people in 14 teams (Appendix 1).

Field data were recorded on specially designed count and site information forms (see Appendices 2, 3 and 4). The count data were entered by each Province team into pre-prepared Excel spreadsheets. Following checking, the spreadsheets were returned to the Province leaders for comment and final endorsement.

2.2 Coverage

Table 1 lists the wetlands visited and the estimated coverage.

The number of wetlands surveyed increased from 50 in 2004 to 60 in 2005, with 17 being visited for the first time. There was improved coverage of the majority of the wetlands that were visited in both years. Those wetlands not revisited in 2005 were of relatively minor importance; all supported less than 2,000 birds in the 2004 survey.

The average coverage of all wetlands visited was estimated to be 72% in 2005 compared to 61% in 2004.

3 RESULTS

3.1 Waterbird numbers and general distribution

A summary of the species totals for the survey and by Province is given in Appendix 5.

A total of 635,967 waterbirds of 95 species was counted. This number included 41 000 unidentified waterbirds (6.4% of the total count).

Individual Province counts were: Jiangxi – 226,175, Anhui – 158,743, Hunan – 110,566, Hubei – 82,104, Jiangsu – 38,361 and Shanghai Municipality – 20,018.

The most common species group was the Anatidae (ducks, geese and swans) comprising 67% of the waterbirds counted; next were shorebirds (16%), egrets and herons (5%), and gulls (4%).

The ten most common species counted were:

Species	Total	Species	Total
Bean Goose	104,519	Tundra Swan	65,114
Swan Goose	61,178	Common Teal	43,037
Dunlin	41,744	Spot-billed Duck	29,210
Greater White-fronted Goose	26,494	Common Black-headed Gull	22,616
Pied Avocet	20,636	Black-crowned Night-Heron	16,934

These ten species comprised 69% of the total waterbirds counted.

Fourteen globally-threatened species and one near-threatened species were encountered. These are identified in **bold** (globally-threatened) and ***bold italics*** (near-threatened) in Appendix 5.

Table 1 List of wetlands surveyed in 2004 and 2005 with the estimated percentage coverage of each wetland (%)

Hunan	**2005**	**2004**	**Anhui**	**2005**	**2004**
East Dongting Hu	95	70	Shengjin Hu	90	70
West Dongting Hu	90	70	Cai Zi Hu	60	50
South Dongting Hu	85	70	Longgan Hu	10	10
Henling Hu	80	60	Daguan Hu	10	25
Maoli Hu	95	70	Huang Hu	30	60
Beiming Hu	100	90	Bo Hu	30	25
Taibai Hu		100	Wuchang Hu	80	75
Hongxingyuan	100	95	Baidang Hu	50	90
Yujiaqiao	100	95	Fengsha Hu	100	50
Longchi Hu/Kongjia Hu	95	80	Pogang Hu		50
Fangtai Hu	100	100			
Dong Hu	90	30	**Jiangsu**		
Chang Jiang River bank	95	80	Hongze Hu	38	2
Helong Hu-Baini Hu		100	Baoying Hu		3
Datong Hu	80	30	Gaoyou Hu	47	1
			Xinghuashagou		100
Hubei			Dazong Hu		100
Liangzi Hu	30	10	Yangzhong	80	10
Longgan Hu	90		Chuheruhekou	100	100
Tai Bai Hu	60		Qiliheruhekou	85	85
Wang Hu	90	40	Shang Hu	100	100
Fu Tou Hu	30		Shijiu Hu	50	
Xiliang Hu	50		Gucheng Hu	99	
Houguan Hu	5		Tai Hu	32	
Chen Hu	95	50	Yangchengxi Hu and Kuencheng Hu	65	
Hong Hu	30	30	Xinglongsha	60	
Shishou	50	40	Gaochun County	100	
Yuni Hu	60		Changzhougang	100	
Chang Hu	95	85			
Diaocha Hu	100	40	**Shanghai**		
Xinhexiaohekou	20		Hengshadao		100
Zhangdu Hu	90	50	Chongming Island	80	50
Wu Hu	90		Neilushidi	80	
			Jiuduanshashidi	50	
Jiangxi			Yanjiangtantu	50	60
Poyang Hu NNR	100	100			
Jiujiang City	87	70			
Nan Chang City	79	70			
Shangrao City	89	70			
Ji An City	70	50			

3.2 Internationally important waterbirds

3.2.1 Summary

A total of 27 waterbird species were found to be present in internationally important numbers at one or more sites during the 2005 survey. These are listed in Table 2.

Table 2. Species present in internationally important numbers at one or more sites, and the number of sites at which they were important.

Eurasian Spoonbill	11	Common Teal	2
Bean Goose	9	Spotted Redshank	2
Tundra Swan	8	Dunlin	2
Swan Goose	8	Dalmatian Pelican	1
Oriental White Stork	7	Eastern Great Egret	1
Black Stork	7	Black-crowned Night-Heron	1
Common Crane	6	Lesser White-fronted Goose	1
Hooded Crane	5	Grey-lag Goose	1
Greater White-fronted Goose	4	Spot-billed Duck	1
Great-crested Grebe	3	Siberian Crane	1
Pied Avocet	3	White-naped Crane	1
Northern Lapwing	3	Kentish Plover	1
Great Cormorant	2	Black-tailed Godwit	1
Falcated Duck	2		

3.2.2 Globally threatened species

The numbers of Swan Geese counted (61,178 individuals) exceeded the current global population estimate (55,000), whilst the Hooded Crane count (1,088) was higher than the estimated flyway population (1,000).

Large numbers of other cranes were seen: 90% of the global population of the Siberian Crane (2,693 individuals counted) and 37% of the regional population of the White-naped Crane (1,491).

The numbers of Lesser White-fronted Geese seen (8,636) comprised 62% of the estimated flyway population and 40% of the global population of the Oriental White Stork (1,194) was counted.

3.2.3 Other species

The numbers of Eurasian Spoonbill (6,853) exceeded the estimated flyway population (6,500). Other species present in large percentages of their estimated flyway populations were: Bean Goose (91%), Tundra Swan (77%), Black Stork (61%), Falcated Duck (42%), Pied Avocet (21%) and Greater White-fronted Goose (20%).

3.2.4 Comparison between the 2005 and 2004 counts

A total of 635,967 waterbirds was counted in 2005 compared with 515,896 in 2004 – an increase of 120,071 (18.9%).

The percentages of the main waterbird species groups were broadly similar in the two years, although there was a decline in gulls, cranes and storks.

Species	2005	2004
Anatidae	67.3%	65.6%
Shorebirds	15.5%	16.5%
Herons/Egrets	5.1%	5.0%
Gulls	4.4%	6.9%
Cranes	1.1%	1.5%
Storks	0.2%	0.3%

The analysis of changes in abundance and distribution of waterbirds is complicated due to the:

1. greatly improved coverage achieved in some Provinces in 2005;
2. changes in water levels between years, and
3. changes in weather conditions between years throughout the non-breeding ranges of waterbirds occurring in the Yangtze floodplain.

There were large increases in the numbers counted of:

	2004	2005	Increase(%)
Tundra Swan	30,925	65,114	111
Great Cormorant	4,684	9,511	103
Pied Avocet	10,538	20,636	96
Great Crested Grebe	2,005	3,036	51
Common Crane	1,268	1,689	33
Bean Goose	79,758	104,519	31

and large decreases in the numbers counted of:

	2004	2005	Decrease(%)
Lesser White-fronted Goose	16,937	8,636	49
White-naped Crane	2,716	1,491	45
Black Stork	108	61	47
Spotted Redshank	15,274	9,527	39
Oriental White Stork	1,697	1,194	30
Falcated Duck	18,634	14,763	20

More information will be needed on the extent of the changes in coverage, water levels and weather conditions in order that reasons for changes in species abundance and distribution can be ascertained. It is planned to explore these changes in detail when three years of results are available after the January 2006 survey is completed.

3.3 Internationally important sites

3.3.1 Summary

A total of 24 sites have been identified in the 2005 survey at which at least one waterbird species was recorded in internationally important numbers (see Figure 2 for locations).

Figure 2. Locations of the sites at which internationally important numbers of at least one species of waterbird were recorded during the survey.

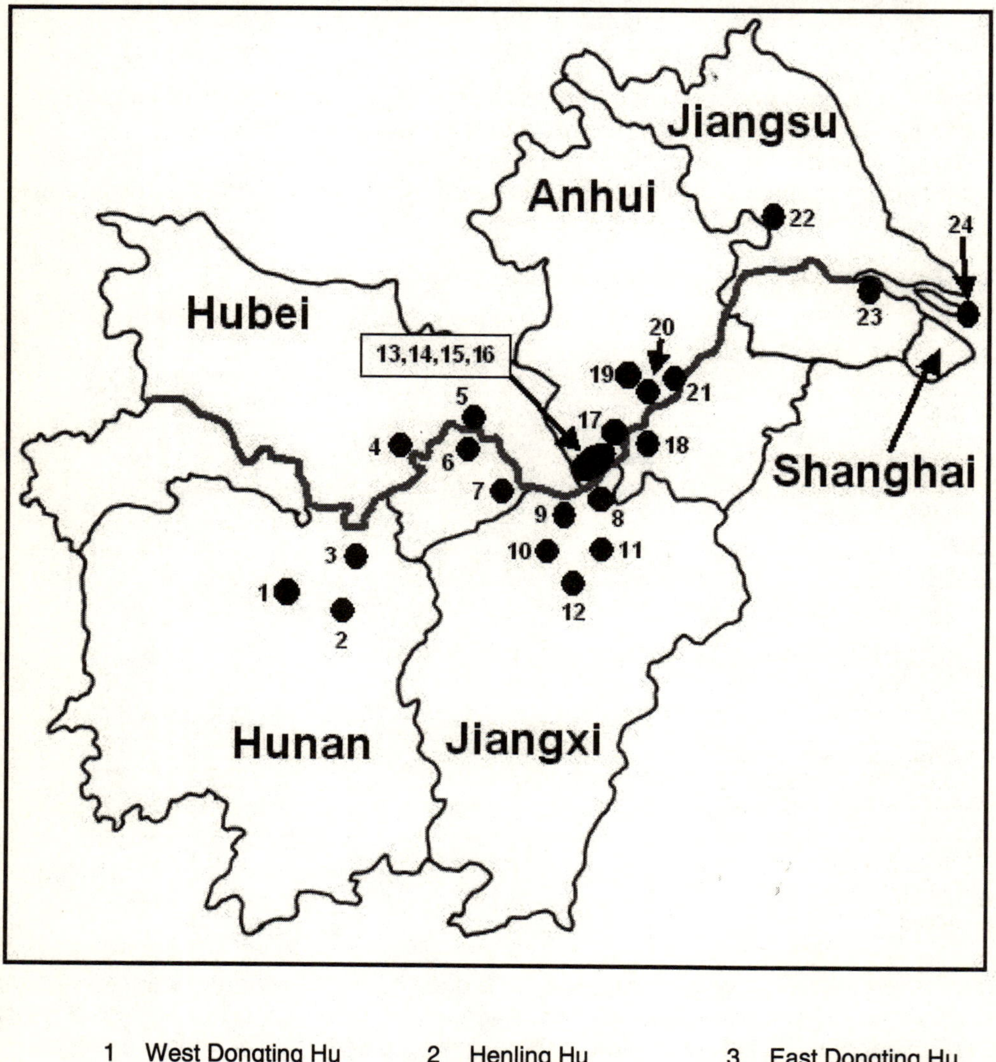

KEY:

1	West Dongting Hu	2	Henling Hu	3	East Dongting Hu
4	Chen Hu	5	Zhangdu Hu	6	Liangzi Hu
7	Wang Hu	8	Fang Hu	9	N Poyang Hu
10	Poyang Hu NNR	11	E Poyang Hu	12	S Poyang Hu
13	Longgan Hu	14	Daguan Hu	15	Huang Hu
16	Bo Hu	17	Wuchang Hu	18	Shengjin Hu NNR
19	Cai Zi Hu	20	Baidang Hu	21	Fengsha Hu
22	Gaoyou Hu	23	Shang Hu	24	Chongming Dongtan

A listing of the internationally important sites and the numbers of species supported at each site is presented in Table 3.

Table 3. The internationally important sites and the numbers of internationally important species supported at each site.

Poyang Hu NNR	15	E Poyang Hu	3
S Poyang Hu	11	Wuchang Hu	2
East Dongting Hu	10	Longgan Hu	2
Caizi Hu	8	Liangzi Hu	1
N Poyang Hu	7	Zhangdu Hu	1
Shengjin Hu	6	Shang Hu	1
Wang Hu	5	Gaoyou Hu	1
Huang Hu	4	Fang Hu	1
Chen Hu	4	Chongming Dongtan	1
Baidang Hu	3	Daguan Hu	1
Fengsha Hu	3	Bo Hu	1
West Dongting Hu	3	Henling Hu	1

The sites in Jiangxi (all in or close to Poyang Hu) have been amalgamated into five regions: Poyang Hu National Nature Reserve, and N, NW, S and E Poyang Hu. In 2004, eleven internationally important sites were identified in Jiangxi and these are now included within these regions.

The great importance of Poyang Hu is demonstrated by the numbers of internationally important species supported in the different regional areas of the lake.

3.3.2 Comparison between the 2005 and 2004 counts

As in 2004, Poyang Hu NNR contained the most internationally important species – up from 12 to 15.

The changes in numbers of important species at the different sites can be explained by improved coverage, and differences between years in water levels and weather. A detailed assessment of these changes will be made after the 2006 survey.

4 DISCUSSION

This survey confirmed the finding of the 2004 survey that the middle and lower Yangtze River floodplain is of exceptional importance as a wintering region for waterbirds. The increase in total numbers and species encountered in 2005 is probably mostly due to improved coverage, but weather may have been an important influence.

The abundances and distribution of some species changed markedly in 2005 compared to 2004. It is very important to obtain information about lake levels and weather conditions at the times of the 2004 and 2005 surveys, and for future surveys, so that distributional changes can be satisfactorily explained. A good understanding of these effects is an essential prerequisite to developing an effective monitoring programme and, also, to defining an appropriate protected area system.

Final identification of important sites should await the delineation of wetland boundaries. Wetlands within the floodplain change in area according to water height. In years of lower water levels, wetlands can separate into a number of discrete bodies. However, when water levels are higher a number of previously separate lakes can merge into one. Wetland boundaries need to be agreed and delineated prior to next year's analysis of the three years of data collected from 2004-2006. A good example is Poyang Hu, where this year it was decided to amalgamate wetlands associated with the lake into five regions. This decision needs further discussion with those knowledgeable about Jiangxi's wetlands. Similar discussions may be necessary for Dongting Hu and other major wetland complexes. As far as is possible, decisions on boundaries should be made on the basis of ecological units but it may be necessary to use administrative areas (e.g. counties), as these may be more practical from the conservation point of view.

It will be important to identify the key monitoring sites prior to the 2006 survey so that additional data on waterbird abundance and distribution can be collected from these. An attempt should also be made to visit those sites that have not been surveyed in either 2004 or 2005.

In summary, the survey substantially met its main objective of adding to the comprehensive data set on waterbird abundance and distribution needed to develop an effective monitoring scheme. Key sites identified in 2004 were revisited, coverage was expanded, and many wetlands not surveyed in 2004 were covered.

5 RECOMMENDATIONS

It is recommended that:

1. surveys be carried out in early 2006 to cover:
    - the remaining wetland areas not surveyed in 2004 and 2005;
    - a selection of key areas identified in the 2004 and 2005 surveys be visited, in order to obtain additional information on changes in waterbird abundance and distributions between years;

2. a monitoring programme be established for key waterbird species, i.e. globally-threatened species and other species for which the middle and lower Yangtze River floodplain is particularly important;

3. data be obtained for the periods of all three surveys:
    - on wetland water levels; and,
    - weather conditions throughout the wintering areas for waterbirds in China;

4. a compilation of historical count data within provincial forestry bureau and university archives be made to assist in determining whether changes in population sizes and waterbird numbers at key sites have occurred during recent decades;

5. updated information be collected on historical wetland habitat loss in the middle and lower Yangtze River floodplain and future plans for wetland modification in the region;

6. a study of waterbird hunting pressure be carried out to update the 1987-1992 study which found that 50% of the total wintering waterfowl in this region were killed each year by local hunters;

7. public awareness programmes be developed to explain the importance of the middle and lower Yangtze River floodplain for waterbirds and the measures that can be taken to conserve them.

6 ACKNOWLEDGEMENTS

Funding for the survey was provided by WWF Netherlands and the Hongkong-Shanghai HSBC Banking Corporation. We are very grateful to the State Forestry Administration, the Provincial Forestry Bureaus, Nature Reserve staff and the members of the counting teams for their assistance in the planning and execution of the project.

7 REFERENCE

Barter, M., Chen, L., Cao, L. & Lei, G. 2004. Waterbird Survey of the Middle and Lower Yangtze River Floodplain in Late January and Early February 2004. China Forestry Publishing House, Beijing.

APPENDIX 1：TECHNICAL REPORTS ON SIX SERVEYED PROVINCES AND MUNICIPILITY OF 2005 WATERBIRD SURVEY IN THE MIDDLE AND LOWER YANGTZE RIVER FLOODPLAIN (CHINESE)

附录1：2005年长江中下游水鸟调查六省市调查技术报告

安徽省

报告人:顾长明

(安徽省自然保护区管理站，guchangming@ahly.gov.cn)

根据国家林业局和 WWF 的合作项目，安徽省调查队于 2005 年 2 月 15 至 2 月 28 日对安徽省沿江湿地湖泊进行了为期 14 天的系统调查，获得了大量第一手资料。现将本次调查总结如下。

1 调查范围

安徽省调查队的调查范围为安徽省境内的长江沿江湖泊，包括安庆市所辖枫沙湖、白荡湖、菜子湖、武昌湖、泊湖、黄湖、大官湖和龙感湖，池州市所辖的升金湖等 9 个湖泊，调查面积覆盖湖区的 50%，共统计到 51 种 158 180 只水鸟。

2 调查人员及分组

本次调查由安徽省林业厅牵头，安徽省自然保护管理站、安徽省野生动植物保护协会、升金湖国家级自然保护区、安庆沿江湿地自然保护区、中国科学技术大学等单位参加，澳大利亚水鸟专家专程到安徽指导并参与全程调查。调查队人员组成如下：

领队: 顾长明（安徽省自然保护管理站）

队员：马克·巴特（澳大利亚）、朱文中（安徽省安庆沿江湿地自然保护区）、徐文彬（安徽升金湖国家级自然保护区）、吴月龙（安徽省野生动植物保护协会）、曹垒(中国科技大学)

志愿者：卢昱(中国科技大学)、汪国胜（安徽省林业厅）

辅助人员：武立波、张宏、各县林业局 1 人

第一组：马克·巴特、顾长明（队长）、曹垒、吴月龙

第二组：朱文中（队长）、汪国胜、徐文彬、卢昱

鉴于天气多雨影响调查，同时调查队员希望多与马克·巴特学习与交流，调查时，在保证每组技术力量和设备的基础上随时调整分组安排。

3 调查路线、地点和日程安排

2 月 15 日调查队员到达安庆市东源宾馆，当晚召开全体调查对员会议，布置调查任务，领会调查的技术要领，熟悉调查表格。2 月 16 日至 2 月 27 日连续进行野外调查，2 月 28 日进行了调查总结。整个调查期间，除了 3 天为晴好天气外，基本为阴雨天。调查的日程和路线如下：

2月16日　调查地点：白荡湖、枫沙湖
调查路线：（1）乌金渡白荡湖两岸
（2）周潭镇枫林村枫沙湖两岸
住宿：安庆市

2月17日　调查地点：武昌湖
调查路线：（1）枫林村武昌湖上湖
（2）郭河村武昌湖下湖周边地区
住宿：桐城市

2月18日　调查地点：升金湖上湖
调查路线：（1）小路嘴大桥至白密圩
（2）小路嘴大桥毕村至揸刺墩圩
住宿：安庆市

2月19日　调查地点：升金湖
调查路线：（1）张溪河以东复兴圩至联圩
（2）小路嘴大桥毕村至坦埠圩
住宿：安庆市

2月20日　调查地点：升金湖上、下湖，菜子湖
调查路线：（1）上湖蜜蜂圩、王家坝、新丰圩
（2）下湖坦埠叉、唐田叉
（3）菜子湖大窑圩—石会—车富
住宿：安庆市

2月21日　调查地点：　菜子湖
调查路线：（1）双星-先让-东风圩
（2）团结圩—朱檀
（3）黄盆—嬉子湖汊
住宿：安庆市

2月22日　调查地点：菜子湖
调查路线：（1）罗岭（年初未调查）
（2）高赛以南（年初未调查）
住宿：宿松县城

2月23日　调查地点：大官湖、泊湖、龙感湖
调查路线：（1）千岭龙湖汊
（2）洪岭-前湾（年初未调查）
（3）六昌湖-二姑畈
住宿：　宿松县城

2月24日　调查地点：龙感湖、大官湖、泊湖
调查路线：（1）龙感湖西湖
（2）泊湖许岭-云集（年初未调查）
（3）泊湖枫林村
住宿：望江县城

2 月 25 日　调查地点：黄湖、泊湖、武昌湖

调查路线：（1）黄湖东滩

（2）泊湖驼婆嘴（年初未调查）

（3）泊湖长岭

（4）武昌湖六户村

住宿：安庆市

2 月 26 日　上午总结，下午整理数据，修整

2 月 27 日　调查地点：升金湖

调查路线：下湖观测站－小路嘴大桥－刘家岔－上湖大洲

住宿：安庆市

2 月 28 日　调查地点：黄湖

调查路线：九城畈农场

住宿：安庆市

3 月 1 日　调查地点：菜子湖、枫沙湖

调查路线：（1）桐城市金神镇黄盆村

（2）周谭镇枫林村

住宿：安庆市

4 调查的方法和使用装备

4.1 资料收集

按《调查地点信息表》要求，收集调查地点的资料，包括湿地类型、面积、水文、水质、水生植被、受威胁因素、地图以及历史变革等。

4.2 确定路线

由队长与各组组长、马克·巴特和曹垒在研究卫星照片的基础上，共同确定每一天的调查路线。

4.3 实地调查

每天 7：30 乘车出发赴指定调查地点，每组在当地林业部门或向导的引导下，根据具体情况，选择步行或乘船进行野外调查，对有代表性的位点用 GPS 定位。用双筒望远镜确定目标，用单筒望远镜辨别鸟种，并认真记录观察到的水鸟种类和数量，填写调查表格，对疑似种类进行讨论并查阅图谱予以确认，调查范围尽可能多的覆盖区域。调查工作在天黑前结束。

4.4 每日总结

每晚对当天工作进行总结，讨论日记要点，分析当天出现的情况，并及时将当天调查的数据录入计算机。对次日调查地点进行讨论并将 GPS 位点输入 GPS 以作导航。

4.5 培训及宣传

通过调查工作的开展，对十八索自然保护区、升金湖国家级自然保护区和安庆沿江湿地自然保护区工作人员、配合调查的辅助队员进行了调查技术培训。在调查过程中，对当地社区群众进行了保护湿地环境、爱鸟护鸟的宣传教育活动，并张贴宣传画。在安徽野生动物主页上即时发布信息，使社会各界关注本次调查工作的开展及进度。安徽电视台、新安晚报、江淮晨报等新闻媒体对调查做了报道。新华网、新安网、国家林业局、中国林业网、中国野生动物保护协会、安徽省林业厅等网站登载了调查信息。

4.6 结果汇报

每完成一个地区的调查，均向当地主管领导通报调查结果，并提出对湿地保护和发展的建议，将调查资料和数据留给当地主管部门，并对调查结果使用权限作了说明。

4.7 主要设备如下

- NEC、联想、Sony、清华同方手提电脑共 5 台
- Zeiss、Lecia 单筒望远镜各 2 架
- 肯高 20*60、Nikon20*45 单筒望远镜各 1 架
- 蔡司双筒望远镜 2 架，Nikon、Kowa 双筒望远镜各 1 架，西光双筒望远镜 4 架，其他日产双筒望远镜 2 架
- GARMIN GPS Ⅱ PLUS、 eTrex Vista GPS 各 1 部，eTrex Venture GPS 2 部
- Canon EOS300D 相机及 100~400 镜头、Nikon995 数码相机各 1 架、其他照相机 3 架
- Sony 数码摄相机 2 架

5 调查结果及分析

5.1 鸟类的种类、数量和分布

本次调查安徽队在枫沙湖、白荡湖、菜子湖、武昌湖、泊湖、黄湖、大官湖和龙感湖和升金湖等 9 个湖泊的 61 个记录点统计水鸟 51 种 158 248 只，调查面积覆盖湖区的 50%，种类和数量分布见表 1。

表 1 安徽沿江湖泊的水鸟数量分布

湖泊名称	调查的覆盖面积（%）	水鸟种数（种）	个体数量（只）	种群数量超过 20000 只	符合国际重要湿地 1%种群标准的物种数
升金湖	90	41/38	33 775/47 578	+	6
菜子湖	70	40/35	19 001/37 286	+	7
黄湖	30	16/20	4 838/35 217	+	3
白荡湖	60	20/17	17 007/10 567		2
武昌湖	80	29/29	50 251/8 603		2
枫沙湖	90	9/20	13 688/7 435		3
泊湖	30	23/29	13 755/4 885		1
大官湖	10	27/22	6 974/4 845		1
龙感湖	10	26/24	8 766/1 832		

5.2 IUCN 濒危物种数量和符合国际重要湿地 1%种群标准的物种数量

升金湖有 IUCN 濒危物种 3 种，菜子湖和武昌湖有 2 种，黄湖、大官湖、泊湖、白荡湖、枫沙湖 1 种。菜子湖有 7 种水鸟达到国际重要湿地 1%种群标准，升金湖有 6 种，黄湖和枫沙湖有 3 种，白荡湖和武昌湖有 2 种，泊湖和大官湖有 1 种。

5.3 超过 20000 只的越冬水鸟的湿地

个体数量超过 20000 只的湖泊有升金湖和菜子湖和黄湖。

5.4 湿地现状

所调查的湖泊都不同程度地受到人为干扰，干扰的因素主要有：

5.4.1 渔业 许多湖泊中围网养鱼，围网养蟹现象特别严重，一些地方，当地政府将湖泊承包给开发商，开发养殖的强度很大，一些湖泊仍在筑堤围湖养鱼或围垦。冬季的捕鱼活动对水

鸟的越冬有较大的影响。

5.4.2 家禽家畜养殖 升金湖、大官湖等湖泊家禽的家畜的放牧强度较大。家禽的主要品种是家鸭和家鹅，家畜主要是水牛。

5.4.3 捕捉和投毒 通过访问了解，湖区周边一些居民野生动物保护意识不强，投毒和捕杀水鸟还时有发生。

5.4.4 水利施工 一些湖泊兴修水利，影响越冬水鸟的正常活动。

5.4.5 道路和电网 公路建设和架设电网对个别越冬水鸟密集的湖泊有一定的影响。

5.5 保护对策

严禁分割湖体和围湖养殖。将已建的拦水坝去除，恢复正常的水文过程。

可持续地利用湖泊资源。沿江湖泊水产养殖和家禽养殖的强度较大，湿地生态系统受到了严重的干扰。为了维持湿生态系统的稳定性，必须合理地利用湖泊资源，限制放养量和放牧量。

发展替代产业。引导湖区居民进行劳务输出，扶持农户发展庭院经济和开展其他工副业经营，充分发挥妇女在发展家庭经济中的作用；发展生态养殖，逐步减轻社区对自然湿地的依赖。

加强保护区的能力建设。提高生态区内管理机构的科研监测能力，配备必需的监测仪器与设备，加强保护区管理人员业务培训，提高生态区管理人员业务素质和工作能力。

加强宣传教育。通过报纸和媒体、宣传栏、宣传橱窗等，开展形式多样的湿地保护宣传教育活动。发动民众签订保护公约，对遵守公约，表彰奖励积极参与湿地野生动物保护的公民，造就保护自然、保护湿地的良好社会氛围。通过组织少年儿童到保护区参观，观看湿地宣教片和组织中小学生夏令营，开展湿地生态观察研究，加强对少年儿童的宣传教育。

理顺湿地管理体制建设。通过政府立法，对保护区的组织机构、管理权限及管理内容等做出明确规定。政府、林业、环保、农业、土地、水利等部门在湿地保护管理方法要取得协调和一致。

湖南省

报告人:蒋勇

（湖南省东洞庭湖国家级自然保护区管理局，yongjiang009@sina.com）

1 调查时间

按照国家林业局和WWF的统一部署，湖南省水鸟调查组严格依照同步调查的要求，自2005年2月14日至2月28在04年选定的区域进行了为期14天的野外调查。东西部组的具体调查时间和地点见附表1；

2 调查人员

湖南省水鸟调查组的领队为蒋勇。

西部组组长蒋勇，组员为高大力、李飞云、白清泉（志愿者），保护区协助人员彭平波、李赋、万献军、戴跃进和李剑志（志愿者）；

东部组组长张鸿，组员为姚毅、刘向葵、李飞（志愿者），保护区协助人员张怀书、易飞跃、宋涛、杨耀中等。

3 调查地点和范围

本次湖南省的调查地点依然围绕东洞庭湖、南洞庭湖、西洞庭湖、横岭湖等洞庭湖区已经建立的4个保护区为核心，以长江中游湖南段和湘江、资江、沅江、澧江4水入湖河口为辅助，并兼顾新墙河沿河口湿地和原洞庭湖区外围人工围垦形成的30余个内湖。涉及到洞庭湖流域与长江交汇的6 000平方公里范围内较典型的湿地。地点名录见**附表1**；

4 调查方法和使用的设备

本次调查主要采用重点区域定点统计调查法和样带线路统计调查法，个别地点还采取重复补充调查的方法来获取客观详实的水鸟分布信息。地理和其他相关信息则采用问卷和随机访谈进行资料获取。

湖南组使用的设备为：

单筒望远镜:Kowa 20\60 倍 2 架，Swarovski 1 架，Leica 2 架；

双筒望远镜：Ninkon8 倍 2 架，Swarovski 2 架，樱花 8 倍 4 架；

GPS 2 台；Nikon F90 相机 1 台，Canon 数码 1 台，Sony 摄像机数码照相机各 2 台；

IBM 笔记本电脑 2 台，计数器 4 个。

5 野外调查数据分析

5.1 鸟类种类、数量和分布

本次调查在调查范围内共计统计到水鸟58种112 355只。

5.2 国际濒危物种和符合湿地公约1%标准物种的种群动态分析

此次调查记录到的国际濒危物种有：白鹤、东方白鹳、黑鹳、鸿雁和小白额雁5种，比2004年减少4种；达到湿地公约1%标准的物种有12种，比2004年减少4种(反嘴鹬、环颈鸻、凤头麦鸡和鹤鹬)，增加了东方白鹳(详见下表)。

Species 种类	Chinese Name 中文名	Total 总数	Ramsar 1% 湿地公约 1%标准
Great crested Grebe	凤头䴙䴘	359	250
Great Cormorant	普通鸬鹚	3 087	1 000
Black Stork	黑鹳	26	1
Oriental Stork	东方白鹳	46	30
Eurasian Spoonbill	白琵鹭	900	65
Bean Goose	豆雁	25 768	600
Greater White-fronted Goose	白额雁	9 495	1 300
Lesser White-fronted Goose	小白额雁	8 636	140
Falcated Duck	罗纹鸭	13 605	350
Common Teal	绿翅鸭	10 699	8 000
Common Crane	灰鹤	363	110
Dunlin	黑腹滨鹬	8 022	7 500

5.3 变化趋势

5.3.1 **除少数种的数量较2004年有所增加外，2005年调查的总数量和单一物种的数量均少于2004年。**其中比较明显的是小白额雁、反嘴鹬、黑腹滨鹬和罗纹鸭等，降幅最大的达到50%以上。

5.3.2 **超过1万只越冬水鸟的栖息地减少。**2004年超过2万只越冬水禽的湿地有东洞庭湖保护区的大西湖和小西湖，横岭湖保护区的青山垸矮围有15 000只左右的鸭类越冬，南洞庭湖嘉兴湖有11 000只左右的鸻鹬类越冬；而2005年，仅东洞庭湖核心区的大西湖、小西湖和春风湖鸟类超过1万只以外，没有其他任何湖泊的鸟类总量达到1万只。青山垸矮围因承包经营、嘉兴湖因杨树种植已经无法为鸭类和涉禽提供栖息地。

5.3.3 **调查地水鸟多样性下降。**经调查近40处水鸟重要栖息地，达到20种的区域仅有小西湖、春风湖、青山垸、安乐湖、青潭垸、采桑湖、北民湖等6处。不足10种的栖息地有27处之多，超过调查地区的60%。

5.3.4 **传统栖息地的功能丧失或下降。**主要体现在南洞庭湖范围内，几乎所有的低位洲滩均改造成为杨树基地，因此丧失了滩涂、苔草地和浅水沼泽。另外如红旗湖、青潭垸矮围、毛里湖等地，鸟类的数量和种类都大幅度下降。

6 存在的突出问题

水位变化较大，鸟类栖息规律打破。由于2004年冬季水位降低较快，大量的洲滩干枯，随后的连续大雨、雪气候，致使河水上涨淹没了大量洲滩。鸟类的栖息规律和传统的栖息地发生了较大的变化。

人为破坏湿地加剧，栖息地丧失。南洞庭湖基本上没有洲滩未被开发，西洞庭湖和东洞庭湖的洲滩也相继遭到瓜分，大量的杨树种植改变了湿地的类型和面积，抬高了湖床，越冬水鸟的适宜栖息地完全丧失。

附表1 东西部组调查时间和地点

日期	调查地点	调查时间
2月14~15日	团湖、长江沿岸	2天
2月16日	松阳湖、洋溪湖、芭蕉湖、东风湖、南湖	1天
2月17~18日	大通湖、七星湖、东湖、方台湖、古月湖、北湖	2天
2月19日	漉湖	1天
2月20日	君山后湖	1天
2月21日	建新外滩、采桑湖	1天
2月22日	大西湖、小西湖	1天
2月23日	潭家围、注滋河口	1天
2月24日	春风湖	1天
2月25日	新墙河口、中州垸宝塔湖、被套湖、大明湖、小明湖	1天
2月26~27日	红旗湖、煤炭湾	2天
2月14~16日	毛里湖、北民湖	3天
2月17~18日	青山垸、余家桥、安乐湖、红星垸	2天
2月19日	目平湖、澧江、沅江入湖河口	1天
2月20日	龙池湖、太白湖	1天
2月21日	西畔山洲、赤山岛	1天
2月22日	万子湖、嘉兴湖	1天
2月23日	卤马湖、陀涟港	1天
2月24~25日	横岭湖、资江入湖口、鹤龙湖	2天
2月26日	青潭垸	1天
2月27日	荷叶湖、湘江入湖航道	1天

湖北省

报告人:胡鸿兴

（湖北省武汉大学资源与环境科学学院，eelake88@vip.163.com）

为了更好的了解长江中下游冬季湿地水鸟种类及其种群数量与分布、湿地的利用现状和受威胁的情况，为制定切实可行的湿地保护管理机制提供资料，世界自然基金会北京办事处（WWF-CPO）协同国家林业局（SFA）合作开展了第二次同步调查。湖北组的调查工作于2005年2月15日开始，至3月2日结束。

湖北组考察队由武汉大学资源与环境科学学院教授胡鸿兴担任领队，组成西中片和东南片两个小组，8名调查人员和志愿者赴鄱阳湖进行了水鸟调查技术培训。根据2004年的调查情况，未将黄盖湖、浠水和巴水列入调查之中，此次在对网湖、龙感湖、沉湖、洪湖、梁子湖、涨渡湖和石首天鹅洲长江故道等重要湿地进行调查的基础上，增加了武湖、东西汉湖、后官湖、淤泥湖和太白湖等7个湖泊和2个江滩。在湖北省林业局大力支持和县市林业局、自然保护区的积极配合下，通过调查，取得了该区域湿地水鸟种类和种群数量的详细资料以及重要湿地的分布和现状，对保护区和野保站工作人员进行了技术交流和培训，并开展公众教育活动，增强当地人的环保意识，使得整个调查活动取得了显著的社会效益。

1. 人员组成、调查路线、时间及装备

1.1 人员组成

湖北一组：胡鸿兴（领队兼组长）、康洪莉、董江天（志愿者）以及辅助队员龚自来、石小毛、李儒生、潘名胜和梁仕忠等。

湖北二组：李振文（组长）、朱觅辉（志愿者）、陈志鸿（志愿者）以及辅助队员卢山、刘立、龚成、吴高荣、张庆云和黄世伟等。

1.2 调查时间及路线

湖北一组：湖北梁子湖湿地自然保护区、梁子湖群和江滩（2.15~18）—湖北龙感湖湿地自然保护区、太白湖（2.19~21）—黄石网湖天鹅自然保护区（2.22~24）—斧头湖（2.25~26）—西梁湖、斧头湖（2.27~28）—后官湖（2.28）—武汉沉湖湿地自然保护区（2.28~3.2）

湖北二组：湖北洪湖湿地自然保护区和示范区（2.15-16）—石首天鹅洲麋鹿和白暨豚国家级自然保护区（2.17~18）—淤泥湖、上津湖和牛浪湖（2.19~20）—长湖（2.21~22）—汈汊湖（2.22）—东西汉湖（2.23）—新河小河口（2.24）—举水河口（2.25）—武汉涨渡湖湿地自然保护区（2.26~27）—武湖（2.27~28）—武汉沉湖湿地自然保护区（2.28~3.2）

1.3 装备

GPS 单双筒望远镜，温度计， 笔记本电脑，数码相机，数码摄像机，计算器。

2 调查方法与过程

2.1 资料收集

按《调查地点信息表》要求，收集调查地点的资料，包括湿地类型、面积、水文、水质、水生植被、受威胁因素、地图以及历史变革等。并对新增湖泊、江滩和保护管理较好的网湖、沉湖、龙感湖、梁子湖、太白湖、后官湖、新洲江滩和武湖等进行了预调查。

2.2 熟悉情况

到达调查地点前，了解当地湖泊、沼泽、江滩等湿地的分布，与林业局、保护区负责人、辅助队员和当地人沟通，根据掌握的资料确定调查路线。

2.3 实地调查

根据具体情况，选择步行、乘车或乘船进行调查；对有代表性的位点用 GPS 定位；选择合适的观察点，采用国际上通行方法团体鉴别和统计水鸟种类及数量，对种群数量大的采用分格法和计数器计数，对疑似种进行讨论或查阅图谱或发出照片向香港、深圳和北京同行咨询予以确认；调查范围尽可能覆盖全部地区。

2.4 每日总结

每晚对当天工作进行总结，填写水鸟调查表，分析当天出现的情况并加以讨论；熟悉次日调查地点的情况，并确定地点和路线。

2.5 培训及宣传

根据此次活动的要求，对当地的辅助队员进行了培训，对在调查过程中发现的受威胁情况，及时进行了保护宣传活动。

2.6 结果汇报

每完成一个地区的调查，均向当地主管领导通报调查结果，并提出对湿地保护和发展的建议，将调查资料和数据保留一份给当地主管部门，并对调查结果使用权限作了说明。

3 调查结果与讨论

3.1 调查结果

湖北两个小组从 2005 年 2 月 15 日至 3 月 2 日对湖北 19 个湖泊和湿地自然保护区、3 条水道进行同步调查，共记录水鸟 62 种，总数 82 198 只，其中列入国家一级 3 种 90 只，二级 4 种 3 044 只。达到国际重要湿地 1%标准的水鸟种类和数量（详见表 1），分别为龙感湖（白头鹤、普通鸬鹚）、网湖（黑鹳、东方白鹳、白琵鹭、鸿雁、豆雁）、沉湖（白琵鹭、灰鹤、豆雁、凤头麦鸡）和武湖（豆雁）。可以看出网湖和沉湖特别重要。

表 1 湖北水鸟调查记录的种类和种群数量

Species 种类	Chinese name 中文名	Total 总数	1%标准和国家保护级别
Little Grebe	小鸊鷉	2 701	
Great crested Grebe	凤头鸊鷉	1 439	
Great Cormorant	普通鸬鹚	3 276	1 000
Grey Heron	苍鹭	2 957	
Great Egret	大白鹭	702	
Purple Heron	草鹭	4	
Cattle Egret	牛背鹭	3	
Little Egret	白鹭	252	
Great Bittern	大麻鳽	5	
Black Stork	黑鹳	1	1，一级
Oriental Stork	东方白鹳	45	30，一级
Eurasian Spoonbill	白琵鹭	1 007	65，二级
Tundra Swan	小天鹅	295	二级
Swan Goose	鸿雁	1 260	550
Bean Goose	豆雁	12 846	600

Greater White-fronted Goose	白额雁	1 350	二级
Greylag Goose	灰雁	402	
Ruddy Shelduck	赤麻鸭	84	
Common Shelduck	翘鼻麻鸭	23	
Eurasian Wigeon	赤颈鸭	27	
Gadwall	赤膀鸭	12	
Falcated Duck	罗纹鸭	970	
Common Teal	绿翅鸭	3 506	
Mallard	绿头鸭	1 743	
Spot-billed Duck	斑嘴鸭	3 579	
Northern Pintail	针尾鸭	142	
Northern Shoveler	琵嘴鸭	26	
Common Pochard	红头潜鸭	2 441	
Feruginous Pochard	白眼潜鸭	117	
Tufted Duck	凤头潜鸭	1 821	
Common Goldeneye	鹊鸭	39	
Smew	白秋沙鸭	422	
Common Merganser	普通秋沙鸭	584	
Common Crane	灰鹤	391	二级
Hooded Crane	白头鹤	44	一级
Water Rail	普通秧鸡	2	
Brown Crake	红脚苦恶鸟	16	
Common Moorhen	黑水鸡	1 312	
Common Coot	骨顶鸡	5 940	
Pied Avocet	反嘴鹬	810	
Northern Lapwing	凤头麦鸡	2 346	1 000
Grey-headed Lapwing	灰头麦鸡	76	
Grey Plover	灰斑鸻	183	
Long-billed Plover	长嘴剑鸻	5	
Little ringed Plover	金眶鸻	3	
Kentish Plover	环颈鸻	501	
Common Snipe	扇尾沙锥	71	
Eurasian Curlew	白腰杓鹬	39	
Spotted Redshank	鹤鹬	582	
Common Greenshank	青脚鹬	56	
Green Sandpiper	白腰草鹬	31	
Common Sandpiper	矶鹬	26	
Dunlin	黑腹滨鹬	2 909	
Wood Sandpiper	林鹬	1	
Herring Gull	银鸥	717	620
Common Black-headed Gull	红嘴鸥	17 100	
Pallas's Gull	渔鸥	8	
Pied Kingfisher	斑鱼狗	47	
Common Kingfisher	普通翠鸟	47	
Bar-headed Goose	斑头雁	1	
Osprey	鹗	2	
White-throated Kingfisher	白胸翡翠	4	

未识别鸭 4 671 只，雁 40 只，鹬鸻 56 只，秧鸡 1 只，未识别水鸟 60 只，未识别鹭 12 只。

表 2 调查地点的水鸟种数、种群数量及国家一、二级保护水鸟的数量

调查地点	水鸟种数	水鸟总数	国家一、二级水鸟数量
石首天鹅洲麋鹿和白鳍豚国家级自然保护区	20	729	
长湖	16	1 658	
湖北洪湖湿地自然保护区及示范区	27	2 321	8
武汉涨渡湖湿地自然保护区及长江团风段	32	16 911	60
武汉沉湖湿地自然保护区	39	17 672	1 239
汈汊湖	15	484	
湖北梁子湖湿地自然保护区及江滩	38	6 775	9
新河小河口	6	38	
黄石网湖天鹅自然保护区	40	11 064	1 665
武湖	33	3 684	57
湖北龙感湖湿地自然保护区	39	15 513	96
斧头湖	28	2 496	
后官湖	13	661	
西凉湖	9	555	
淤泥湖	23	1 454	

3.2 物种组成及评估

3.2.1 物种组成。此次调查共记录水鸟 62 种，82 198 只，其中国家一二级保护水鸟 3 134 只，占总数的 3.82%。与 2004 年调查结果相比，湖北省水鸟种数持平，数量有较大增加，增加了 28.2%。

3.2.2 评估。此次调查结果表明，水鸟数量的增加与中央政府加强湿地保护的通知和省政府根据本省情况及时发出通知、召开会议，加强保护管理力度以及世界自然基金会（WWF）和省林业局合作并投入资金建立湿地保护网络、对保护管理人员进行培训、推动湿地保护管理工作不可分割。洪湖湿地自然保护区近一年的变化有力地说明：一个分割、萎缩和破坏的湿地，只要各级政府加强湿地保护管理的领导，提高主管部门和保护区人员的保护意识，破坏的湿地是完全可以恢复的。

3.3 问题与建议

3.3.1 在调查中发现至少有 30%~40%的湖泊破坏较严重，而且仍然在挖精养鱼池、栽种意杨或作为它用，致使湖滩锐减。

3.3.2 今年冬季，尤其在春节前，湖北连续降水达 20 天，致使湖泊水位升高约 1 米，湖滩面积大幅度减少，涉禽种类和种群数量也相应减少。

3.3.3 自 2 月 15 日调查开始，雨雪、降温和大雾等天气因素给有效观察时间、种类识别以及拍摄等工作带来困难，与 2004 年调查时的天气状况形成反差，看来 2006 年的调查是势在必行，因为没有 3 年的数据难以作统计分析。

3.3.4 今年同步调查时间偏晚，有的水鸟已进入迁徙和繁殖期，种类及数量变动较大。如 1 月份，我们在网湖记录 2 万余只水鸟，其中白鹤 12 只，黑鹳 11 只（1 月 22 日）；龙感湖记录约 20 000 只，包括 42 只黑鹳（1 月 10 日）；沉湖约 24 000 只，只有 70 只东方白鹳（1 月 4 日）；这些湿地的种类和数量均超过此次调查结果的 30%~50%。建议明年的同步调查可否放在 12 月中旬至 1 月中旬进行，此时为隆冬时节，越冬水鸟种类和种群数量相对稳定，调查结果更符合实际。

江西省

报告人:纪伟涛

（江西省鄱阳湖国家级自然保护区管理局，jxjwt@sohu.com）

根据WWF和国家林业局的统一部署，江西省调查队于2005年2月14日至2月28日对江西省湿地进行了为期15天的系统调查，获得了大量第一手资料。现将本次调查总结如下。

1 调查范围

江西队的调查范围为江西省境内的鄱阳湖及周边湿地湖泊与大型水库，包括九江市所辖的赤湖、赛城湖、太泊湖、芳湖、柘林水库，吉安市所辖的万安水库。

2 调查人员及分组

本次调查由江西鄱阳湖国家级自然保护区管理局牵头，江西省林业厅、江西省野生动植物保护管理局、九江市野生动植物保护管理站、上饶市野生动植物保护管理站、南昌市野生动植物保护管理站、进贤、余干、鄱阳、都昌、婺源县林业局等单位参与，此外有2位分别来自北京和江西的观鸟志愿者参与此次调查。调查队人员组成如下：

领队：纪伟涛（江西鄱阳湖国家级自然保护区管理局），

核心队员：刘观华（江西鄱阳湖国家级自然保护区管理局）

吴建东（江西鄱阳湖国家级自然保护区管理局）

李　强（北京自然之友）

余建锋（江西志愿者）

伍旭东（江西鄱阳湖国家级自然保护区大汊湖管理站）

易武生（江西鄱阳湖国家级自然保护区大湖池管理站）

黄文杰（九江市野生动植物保护管理站）

辅助队员：王结印（进贤县林业局）

盛显和（余干县林业局）

杨启波（鄱阳县林业局）

曹达桑、曹旗鑫、郭华（都昌县林业局）

汪志如（南昌市野生动植物保护管理站）

分组情况：第①组：纪伟涛（队长）、吴建东、易武生、余剑锋。

第②组：刘观华（队长）、李强、伍旭东、黄文杰。

3 调查路线和地点和日程安排

2月14日，调查队员到达江西鄱阳湖国家级自然保护区管理局，下午布置了调查任务，讨论了本次调查的技术路线，领会调查的技术要领，熟悉调查表格。2月15日~2月28日连续调查，2月28日下午和晚上进行了调查总结。整个调查期间，除了3天晴好天气外，基本上为阴雨天。调查的日程和路线如下：

2 月 15 日　调查地点：鄱阳湖国家级自然保护区
调查路线：①大湖池→常湖池→朱市湖→令公洲
梅西湖→大汉湖北面→中湖池；
②白水湖→象湖→八分场→董家湖→大汉湖西面
菱角湖→安荡湖→后背荡→蚕豆湖→大汉湖南面
2 月 16 日　调查地点：鄱阳湖国家级自然保护区及周边地区
调查路线：①沙湖→长湖→蚌湖→南湖→寺下湖
②小滩湖→大伍湖→下沙湖→东江湖→饭湖→茶湖
宿营地：永修县、新建县
2 月 17 日　调查地点：进贤县（鄱阳湖子湖）、星子县
调查路线：①金溪湖→陈家湖→军山湖→青岚湖
②蚌湖东北面→蓼花池→十里湖
宿营地：进贤县、星子县
2 月 18 日　调查地点：余干县（鄱阳湖子湖）、湖口县
调查路线：①大湖口→康山大堤内→落脚湖→大莲子湖→梅溪咀
②梅溪湖→谷山湖→鞋山湖→七里湖→赛城湖
宿营地：余干县、湖口县
2 月 19 日　调查地点：余干县（鄱阳湖子湖）、九江县
调查路线：①梅溪咀→程家池→草湾湖→林充湖→湛公湖→晚湖
②赤湖→赛城湖→湖口→南北港→鞋山湖→白洋湖→皂湖
宿营地：鄱阳县、九江县
2 月 20 日　调查地点：鄱阳县（鄱阳湖子湖）、彭泽县
调查路线：①韭菜湖→青山湖→大磊湖→利池湖→内外珠湖→鄱阳湖水域（白沙州附近）
②太白湖→芳湖
宿营地：鄱阳县、彭泽县
2 月 21 日　调查地点：鄱阳县（鄱阳湖子湖）、永修县
调查路线：①双港镇围堤内农田→蒿溪湖附近水域→大莲子湖→四望湖
②柘林水库
宿营地：鄱阳县、永修县
2 月 22 日　调查地点：婺源县、德兴县
调查路线：①鸳湖鸯→星江河（乐安河婺源县内）→乐安河（德兴县内）
②黄湖闸口→战备湖→三湖→常湖→三泥湖→白沙湖→凤尾湖→南北深湖→上下北甲湖→泥湖→神塘湖→太子河口→林充湖→西湖
宿营地：婺源县
2 月 23 日　调查地点：都昌县（鄱阳湖子湖）、余干县
调查路线：①新妙湖→矶山附近水域
②程家池→王罗湖→南湖→草湾湖
宿营地：都昌县、新建县
2 月 24 日　调查地点：都昌县（鄱阳湖子湖）、新建县

调查路线：①西湖→输湖→焦潭湖→花庙湖

②赣江中支及大鄱阳湖→铭溪湖→大沙坊湖→留芳湖→鸦雀湖→双岭湖

宿营地：都昌县、新建县

2月27日 调查地点：信江弋阳段

调查路线：①弋阳→信江弋阳段→清湖乡

②万安水库（万安县境内）

宿营地：弋阳县、万安县

2月28日 调查地点：

调查路线：①弋阳境内信江

②万安水库（赣县境内）

4 调查的方法和使用装备

各队队长负责调查路线的确认，以及与当地林业部门的协调，安排食宿，汇总各队员每天的调查数据。本次调查队员在队长的调配下，认真记录观察到的水鸟种类和数量，填写调查表格，并及时将当天调查的表格返回到调查队长。领队负责汇总全队的调查记录。

本次调查主要采用乘车、步行和租船的方法进行调查。每天7：00乘车到达指定目标，用GPS定位，用双筒望远镜确定目标，用单筒望远镜辨别鸟种，并记录所见的种类的数量，未识别出的鸟类亦进行计数。计数工作在天黑前结束。每天对观察数据进行整理，并录入计算机。

所用的设备：单筒望远镜、双筒望远镜、GPS、数码相机、笔记本电脑。

5 调查的结果及分析

5.1 鸟类的种类、数量和分布

本次调查在江西鄱阳湖及周边湿地湖泊与大型水库，包括九江市所辖的赤湖、赛城湖、太泊湖、芳湖、柘林水库，吉安市所辖的万安水库等。在对这些湿地的调查过程中，共计录到水鸟66种，226 090只，种类和数量分布见表1。

表1 江西鄱阳湖及周边湿地湖泊的水鸟数量分布

湖泊名称	调查的覆盖面积%	水鸟种数（种）	个体数量（只）	符合国际重要湿地1%种群标准的物种数
鄱阳湖国家级保护区	100	42	83 621	14
九江市	90	48	42 737	11
上饶市	70	41	33 914	8
南昌市	90	46	65 783	9
吉安市	25	6	35	0

5.2 IUCN濒危物种数量和符合国际重要湿地1%种群标准的物种数量

调查统计到全球受胁种有8种（表2）；达到国际重要意义标准的水禽种类有25种（表3）。

表 2 江西区域内调查到的全球受胁种及数量

种类	数量（只）
卷羽鹈鹕	1
东方白鹳	602
鸿雁	22 313
中华秋沙鸭	44
白鹤	2 683
白枕鹤	1 491
白头鹤	390
花田鸡	2

表 3 达到国际际意义标准的水鸟种类及数量

SPECIES	种名	1%标准 INT. IMP	水鸟数量（只） INDIVIDUAL SPECIES TOTALS
Great-crested Grebe	凤头䴙䴘	250	957
Dalmatian Pelican	卷羽鹈鹕	1	1
Great Cormorant	普通鸬鹚	1000	1 574
Black Stork	黑鹳	1	33
Oriental White Stork	东方白鹳	30	602
Eurasian Spoonbill	白琵鹭	65	2 051
Tundra Swan	小天鹅	860	42 843
Swan Goose	鸿雁	550	22 313
Bean Goose	豆雁	600/550	16 340
Greater White-fronted Goose	白额雁	1300	15 602
Grey-lag Goose	灰雁	750	992
Mandarin Duck	鸳鸯	200	633
Common Teal	绿翅鸭	8 000	20 076
Spot-billed Duck	斑嘴鸭	12 000	17 512
Northern Pintail	针尾鸭	7 500	8 042
Scaly-sided Merganser	中华秋沙鸭	40	44
Siberian Crane	白鹤	30	2 683
White-naped Crane	白枕鹤	40	1 491
Common Crane	灰鹤	110	935
Hooded Crane	白头鹤	10	390
Pied Avocet	反嘴鹬	1 000	9 448
Northern Lapwing	凤头麦鸡	1 000	3 071
Black-tailed Godwit	黑尾塍鹬	1 600	2 000
Spotted Redshank	鹤鹬	1 000	7 280
Dunlin	黑腹滨鹬	10 000/10 000/7 500	15 556

5.3 超过 20 000 只的越冬水鸟的湿地

单个地点水禽数量超过 20 000 只的湖泊有大湖池和新妙湖，超过 10 000 只的湖泊有 5 个（表 4）。

表 4 水禽相对集中的地点

地点名称	经纬度	水禽数量(只)
大湖池	N29°6′ E115°56′30″	39 708
新妙湖	N29°21.39′ E116°8.66′	22 663
三湖	N28°54′21″ E116°16′23″	17 081
北深湖	N28°57′ E116°20′44″	15 230
草湾湖	N28°50.34′ E116°18.05′	12 007
蚕豆湖	N29°4′35″ E116°3′39″	11 395
大沙坊湖	N28°56′21″ E116°13′15″	11 607

5.4 调查方法分析

本项调查由于存在以下二点缺陷，致使调查结果远低于实际所栖息的水鸟数量。

2 月份是整个越冬期的后期，水禽分散在整个湖区，增加了统计的工作量，也容易造成遗漏；而每年的 12 月份水禽相对集中，统计工作量相对较小，而且所获得的数据准确性更高。

整个调查时间跨度太长，而水禽在这一期间在各个地点移动又十分频繁，调查过程中多次出现了调查过的地点聚集大量水禽的情况，使大量大群的水禽因频繁移动而未被统计到。如缩短调查时间，增加调查组的数量，可能会提高调查数据的准确性。

6 栖息地状况

6.1 湿地现状

所调查的湖泊都不同程度地受到人为干扰，干扰的因素主要有：

6.1.1 渔业 湖泊中有大量的定置网，有些湖泊中围网养鱼，围网养蟹现象特别严重，一些地方，当地政府将湖泊承包给开发商，开发养殖的强度较大，在军山湖、寺下湖已很难见到水鸟。冬季的捕鱼活动对水鸟的越冬有较大的影响。

6.1.2 种杨树 近几年鄱阳湖的湖州湿地上，已经是在相当大的湿地种上了杨树。

6.1.3 禽畜养殖 康山大堤内等湖泊家禽放养和家畜放牧强度较大。家禽的主要品种是家鸭和家鹅，也有驯养的鸿雁与灰雁，且常常与野生水鸟在一起觅食。家畜主要是水牛。

6.1.4 捕杀和投毒 通过访问了解，湖区周边一些居民野生动物保护意识不强，投毒和捕杀水鸟还时有发生。

6.2 保护对策

6.2.1 严禁分割湖体和围湖养殖。将已建的拦水坝去除，恢复正常的水文过程。

6.2.2 可持续利用湖泊资源。沿江湖泊水产养殖和家禽养殖的强度较大，湿地生态系统受到了严重的干扰。为了维持湿生态系统的稳定性，必须合理地利用湖泊资源，限制放养量和放牧量。

6.2.3 发展替代产业。引导湖区居民进行劳务输出，扶持农户发展庭院经济和开展其他工副业经营，充分发挥妇女在发展家庭经济中的作用；发展生态养殖，逐步减轻社区对自然湿地的依赖。

6.2.4 加强保护区的能力建设。提高生态区 内管理机构的科研监测能力，配备必需的监测仪器与设备，加强保护区管理人员业务培训，提高生态区管理人员业务素质和工作能力。

6.2.5 加强宣传教育。通过报纸和媒体、宣传栏、宣传橱窗等，开展形式多样的湿地保护宣传教育活动。发动民众签订保护公约，表彰奖励积极参与湿地野生动物保护的公民，造就保护自然、保护湿地的良好社会氛围。通过组织少年儿童到保护区参观，观看湿地宣教片和组织中小学生湿地夏令营，开展湿地生态观察研究，加强对少年儿童的宣传教育。

6.2.6 理顺湿地管理体制建设。通过政府立法，对保护区的组织机构、管理权限以及管理内容等做出明确规定。政府、林业、环保、农业、土地、水利等部门在湿地保护管理方法上要取得协调和一致。

江苏省

报告人:王会

（江苏盐城国家级珍禽自然保护区管理处，ycwangh@pub.yc.jsinfo.net）

衷心感谢世界自然基金会北京办事处提供 2005 年长江中下游湿地和水鸟调查江苏项目经费和对调查给予的指导。

调查前后，我们先后得到了江苏省环境保护厅、江苏省林业局、盐城国家级自然保护区管理处、泗洪洪泽湖自然保护区管理处、尚湖风景区管委会、锡惠公园无锡动物园等的大力支持和协助。盐城国家级自然保护区管理处和泗洪洪泽湖自然保护区管理处两个保护区的领导对调查队员们无为不至的关心。尽管许多队员因开展保持共产党员先进行教育活动而不能参加这次水鸟与湿地调查、并且还遭遇罕见大雪恶劣天气。但本次调查中，我们采用了预先电话了解情况，通过带车调查，节省了许多时间，使本来两个组 11 天的调查缩短为 1 个组的 11 天和另 1 组的 3 天，同时也保持了调查的质量。

在此，我再次感谢周迁（江苏省环境保护厅自然处处长）、徐惠强（江苏省林业局野生动物保护站站长）、孙明（盐城国家级自然保护区管理处主任）、史学忠（泗洪县环境保护局局长）、陈同海（无锡动物园主任）。向他们为这次调查付出的劳动表示敬意。

感谢调查组同志们齐心协力帮助我完成调查任务。特别感谢陈建中先生，作为世界自然基金会的一名志愿者，从千里之外的天津赶来江苏参加全程调查。

1 调查时间和调查行程安排

野外调查自 2005 年 2 月 17 日至 2 月 27 日。

第 1 组：（王会）

日期	调查地区（调查点）
2 月 16~17 日	洪泽湖（成子湖、半城、洪泽农场、泗洪洪泽湖省级自然保护区实验区部分）
2 月 18 日	泗洪洪泽湖省级自然保护区（核心区）
2 月 18 日	陡湖
2 月 18 日	洪泽湖（明祖陵）
2 月 19 日	三河河滩
2 月 19 日	高邮湖（荷花荡、涂沟至南运西闸）

2月20日	高邮湖（车逻）、邵伯湖
2月20日	扬中（高港、雷公岛、谏壁电厂）
2月21日	石臼湖、固城湖、高淳（强埠、大溪鱼塘）
2月21日	长荡湖、滆湖
2月22日	太湖（大埔、涪溪河口）
2月23日	太湖（冲山、大龙港桥、相城鱼塘）
2月23日	阳澄西湖、昆承湖
2月24日	尚湖
2月24日	常熟港
2月25~26日	兴隆沙

第2组：(常青)：

日期	调查地点
2月25~26日	滁河入江口
2月26~27日	七里河

2 调查人员

1组领队：王会，核心队员：殷鹏、陈建中

2组领队：常青，核心队员：张晨岭

辅助队员：李斌、史学忠、李爱民

3 调查地点和范围

3.1 内陆湖泊及湿地

洪泽湖、陡湖、高邮湖、三河河滩、石臼湖、固城湖、高淳、长荡湖、滆湖、阳澄西湖、昆承湖、太湖、尚湖。

3.2 沿江、河口及沙洲

扬中、七里河、滁河入江口、常熟港、兴隆沙。

4 调查方法和使用的设备

主要采用分两个小组，乘车、坐船、步行，进行水鸟种类、数量调查和湿地调查。使用设备有手提电脑、双筒望远镜、单筒望远镜、数码照像机、GPS等，利用路线法或区域法踏查越冬水鸟。

5 调查结果

5.1 鸟类种类、数量和分布

共调查到水鸟37种计38 361只，不能识别的水鸟4 983只，占调查到的水鸟总数量的12.99%。

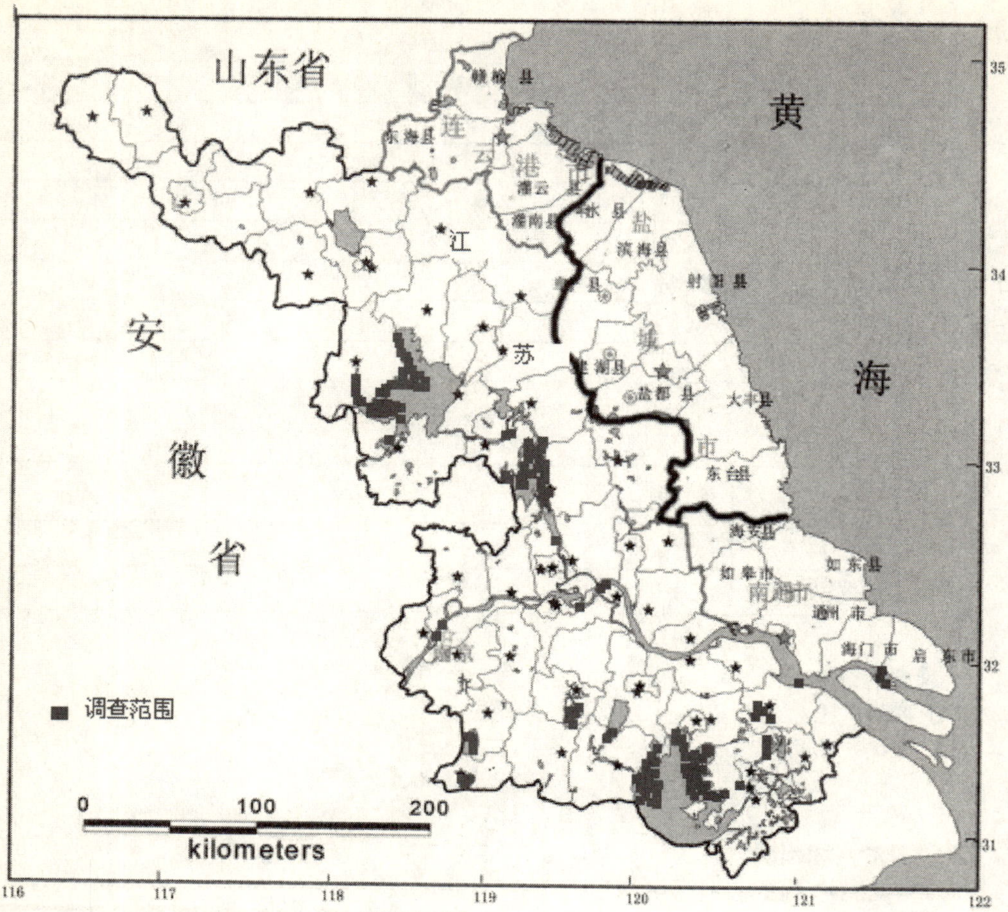

5.2 国际濒危物种和符合湿地公约1%标准物种

37种水鸟中，符合湿地公约1%标准物种有4种，分别是：夜鹭1.64%（16 430只）、大白鹭1%（1 003只）、环颈鸻3.32%（3 320只）、骨顶鸡1.11%（5 545只）。

5.3 调查区域湿地现状简要分析和评估

由于调查时间偏紧并偏晚，许多在1月中旬看到的鸟，在短时间内无法调查到，如洪泽湖自然保护区1月初大集群的鸭类等，我们这次调查没有见到，保护区工作人员讲1月底鸟已迁离。我们在洪泽湖发现1只帆背潜鸭和8只青头潜鸭。保护区核心区水质好，沉水植物和潜水植物生长正常。

尚湖的栖息地相对保护较好，鸟类在尚湖风景区内。开阔水面基本适合鸟类栖息。

江苏和浙江共有大小162条河流注入太湖。周边所在的乡村，小化工等高污染企业比比皆是。仅冲山附近湖水为二类水质，其他调查地区都是黑水、浑水。湖岸多有石墙防护，洲滩少，鸟类栖息地少。

在洪泽湖自然保护区实验区的半城、成子湖、洪泽农场、明祖陵、陡湖、三河河滩、长荡湖、邵伯湖、长荡湖和溧湖等地调查，均未统计到水鸟。这里的湖泊大部分是高密度围网养殖。鸟类集中区域主要是洪泽湖保护区核心区、尚湖和高邮湖。

兴隆沙、兴隆东沙仅有少量水鸟，这里是长江口北支湿地的一部分，也是启东生态环境和湿地资源的一块品牌。目前保护区正采取有针对性措施加强管理。在兴隆沙、兴隆东沙和北岸计划建立4个监护站，建立污染物排放、捕捞作业、特种船舶通行许可证制度，并建立保护区污染测报系统，实施污染应急处理方案。

5.4 保护措施建议

保护湿地资源，尤其需要提高民众对湿地及水鸟保护与资源合理利用的生态意识。要加强宣传，特别是在鸟类集中栖息地区的中小学生、地方领导干部中特别重要。

许多湖泊都进行了围网养殖，水体污染严重，不利于湖泊功能的全面发挥，特别是湖泊周边地区的大量排污，导致许多湖泊丧失了生态功能。如：长荡湖等。需要加强对江苏湿地资源保护与监测，鼓励大专院校、科研院所积极参与国家的湿地资源监测工作。以湿地的全面保护与可持续发展为主题：

——对全省湿地、水鸟及资源进行科学全面的保护规划，加大对湿地自然保护区的投入力度；

——通过政府在对湿地与水鸟有重要影响的当地非传统保护部门，如农业、水利、海洋、滩涂和国土等部门，进行适当的政策改革和改善管理，湿地开发走可持续发展道路，湖区生产有利于湿地生态功能的发挥；

——确保传统开发活动有益于保护湿地与水鸟，制定人与自然和谐发展的战略；

——加强对湿地与水鸟保护及研究的多层面合作；

——通过加强培训、新的投入机制、更强的法规（人大立法通过的《江苏省自然保护区法》和《江苏省湿地保护法》）以及争取当地群众对保护湿地与水鸟的支持，来加强和促进湿地与自然保护区的建设与管理。

附：江苏省 2005 年冬季水鸟调查表

Chinese name 中文名	各种水鸟数量			1%标准 INT. IMP	所占比率（%）
	1 组	2 组	合计		
红喉潜鸟				1 000	
太平洋潜鸟				1 000	
小䴙䴘	55	23	78	10 000	
赤颈䴙䴘				1 000	
凤头䴙䴘	11		11	250	
角䴙䴘				1 000	
黑颈䴙䴘				1 000	
卷羽鹈鹕				1	
普通鸬鹚	111		111	1 000	
日本鸬鹚				1 000	
苍鹭	796	22	818	10 000	
大白鹭	1 003		1 003	1 000	1%
中白鹭				1 000	
草鹭				1 000	
牛背鹭				10 000	
绿鹭				-----	
池鹭				-----	
小白鹭	1 004		1004	10 000	
岩鹭				10 000	
夜鹭	16 430		16 430	10 000	1.64%
大麻鳽	2		2	1 000	
黑鳽				1 000	
黑鹳				1	
东方白鹳				30	
白琵鹭				65	
黑脸琵鹭				10	
大天鹅				6 000	
小天鹅				860	
鸿雁				550	
豆雁				600/550	
白额雁				1 300	
小白额雁				140	
灰雁				750	
赤麻鸭				750	
翘鼻麻鸭				1 300	
鸳鸯	12		12	200	
赤颈鸭	4		4	7 500	
罗纹鸭	41		41	350	

Chinese name 中文名	各种水鸟数量			1%标准 INT. IMP	所占比率（%）
	1 组	2 组	合计		
赤膀鸭				7 500	
花脸鸭				3 000	
绿翅鸭	353	151	504	8 000	
绿头鸭	490		490	15 000	
斑嘴鸭	117	60	177	12 000	
针尾鸭		3	3	7 500	
白眉鸭				10 000	
琵嘴鸭		19	19	7 500	
红头潜鸭	1 330		1 330	8 000	
青头潜鸭	8		8	150	
凤头潜鸭	326	10	336	7 500	
斑背潜鸭	4		4	3 000	
黑海番鸭				10 000	
斑脸海番鸭				8 000	
鹊鸭				750	
白秋沙鸭	1		1	1 000	
红胸秋沙鸭				1 000	
中华秋沙鸭				40	
普通秋沙鸭				750	
白鹤				30	
白枕鹤				40	
灰鹤				110	
白头鹤				10	
丹顶鹤				10	
花田鸡				100	
蓝胸秧鸡				-----	
普通秧鸡				-----	
红胸苦恶鸟				-----	
白胸苦恶鸟				-----	
小田鸡				-----	
红胸田鸡				-----	
董鸡				-----	
黑水鸡	12	1	13	-----	
骨顶鸡	5 545		5 545	5 000(?)	1.11%(?)
彩鹬				-----	
蛎鹬				100	
黑翅长脚鹬				1 000	
反嘴鹬		8	8	1 000	
凤头麦鸡	6	30	36	1 000	
灰头麦鸡		2	2	1 000	
灰斑鸻				1 300	
长嘴剑鸻				100	

Chinese name 中文名	各种水鸟数量			1%标准 INT. IMP	所占比率（%）
	1 组	2 组	合计		
金眶鸻	4		4	-----	
环颈鸻	3 320		3 320	1 000	3.32%
丘鹬				-----	
孤沙锥				100	
针尾沙锥				-----	
大沙锥				1 000	
扇尾沙锥				10 000	
黑尾塍鹬				1 600	
斑尾塍鹬				1 500/1 600	
白腰杓鹬				350	
鹤鹬	440	5	445	1 000	
红脚鹬				1 000/1 000	
青脚鹬	14		14	550	
白腰草鹬		3	3	1 000	
矶鹬				300	
红颈滨鹬				3 200	
青脚滨鹬				1 000	
黑腹滨鹬	200		200	10 000/10 000/7 500	
黑尾鸥	5		5	1 600	
海鸥	4		4	10 000	
银鸥	31	38	69	-----	
灰背鸥				-----	
红嘴鸥	1153	170	1323	-----	
黑嘴鸥				85	
小鸥				100	
红嘴巨鸥				250	
须浮鸥				-----	
白翅浮鸥				-----	
帆背潜鸭	1		1		
未识别鹭类					
未识别雁类					
未识别鸭类	135		135		
未识别鸻鹬类	4 845		4 845		
未识别沙锥		2	2		
未识别鸥类	1		1		
合计	37 814	547	38 361		

上海市

报告人：马志军

（上海市复旦大学生命科学学院，zhijunm@fudan.edu.cn）

1 调查安排

2005年2月15~28日，上海组对上海地区的越冬水鸟情况进行了调查。根据2004年1~2月的调查结果以及2005年1月上海市林业局组织的水鸟调查结果，本次选择的调查区域为上海市越冬水鸟的主要分布区域，包括了上海市的岛屿和沙洲湿地、沿岸滩涂湿地、内陆湖泊湿地、人工湿地等典型的湿地类型。具体主要包括以下区域(图1)：

岛屿和沙洲湿地：崇明岛、九段沙；

沿岸滩涂湿地：南汇、奉贤、金山、宝山、浦东新区的长江沿岸边滩；

内陆湖泊湿地：淀山湖区及邻近水系；

调查范围还包括了附近的人工湿地，如水产品养殖塘、水库等。

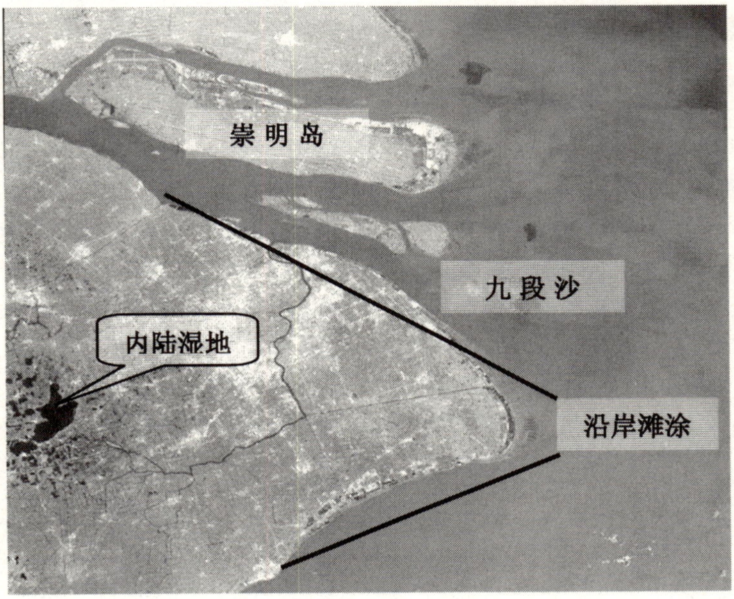

图1 本次调查主要区域图

上海市林业局野生动物保护处、野生动物保护站、崇明东滩鸟类自然保护区和九段沙湿地自然保护区对本次调查给予了大力的支持和协助。野生动物保护站和崇明东滩鸟类自然保护区不仅提供调查车辆，单位的主要领导同志也亲自参加调查。崇明东滩自然保护区还给调查人员安排了食宿。九段沙湿地自然保护区对本次调查也给予了帮助，从而使本次调查能够顺利进行。

本次调查，在崇明东滩和九段沙湿地两个自然保护区均为在滩涂上步行调查。其他区域为乘车或船到达指定地点后，步行进行调查、统计；或乘车每行进3~-5公里停下来用单筒望远镜进行观察。恶劣的气候条件和对调查有很大影响。在崇明东滩进行调查时，连续4天降雨，调查人员在泥泞、湿滑的滩涂上行走，浑身被雨水和汗水湿透；在九段沙调查时，调查人员在互花米草植被中艰难跋涉，1个多小时只走出直线距离400米；而一些区域潮沟密布，调查人员多次陷入潮沟中，淤泥甚至没到腰部，只能从泥浆中奋力爬出来。野外工作的难度可想而知。

2 调查结果

本次调查共记录到水鸟46种，20 004只。4个区域水鸟的种类和数量见表1。

表1　本次调查记录到的水鸟种类数量分布

调查区域	水鸟种类(种)	占本次记录的水鸟种类比例(%)	水鸟数量(只)	占本次记录的水鸟数量比例(%)
崇明岛	37	80.9	8 665	43.3
九段沙	16	34.0	8 205	41.0
沿江湿地	23	48.9	2 012	10.1
内陆湿地	10	21.3	1122	5.6
总　计	46	100.0	20 004	100.0

从鸟类的种类分布来看，崇明岛的水鸟种类为37种，占本次记录到的水鸟种类的80.4%。从鸟类的数量来看，崇明岛和九段沙的水鸟数量分别为8 665只和8 205只，分别占本次记录到的水鸟数量的43.3%和41.0%。崇明岛和九段沙两处共记录到水鸟16 870只，占本次调查记录到种类的84.3%。这表明崇明岛和九段沙是水鸟最重要的分布区域。

鸭类、鸥类和鸻鹬类是上海地区冬季主要的水鸟类群。这3个类群的水鸟总数为18 240只，占本次调查记录到水鸟总数的91.2%。其中鸭类9 729只(包括572只未识别的鸭类)，占全部水鸟总数的48.6%，是数量最多的水鸟类群；鸻鹬类3373只(包括41只未识别的鸻鹬类)，占全部水鸟总数的25.7%；鸥类5 138只，占全部水鸟总数的16.9%。

本次调查记录到的数量最多的5种水鸟为：黑腹滨鹬4 706只，绿翅鸭3 664只，银鸥3 516只，斑嘴鸭2424只，红嘴鸥1 356只。这5种常见水鸟占本次记录到的水鸟总数的78.3%。本次调查记录到的数量最多的5种水鸟见表2。

表2　本次调查记录到的数量最多的5种水鸟

种名	学名	数量(只)	占本次记录水鸟总数的比例
黑腹滨鹬	*Calidris alpina*	4 706	23.5%
绿翅鸭	*Anas crecca*	3 664	18.3%
银鸥	*Larus argentatus*	3 516	17.6%
斑嘴鸭	*Anas poecilorhyncha*	2 424	12.1%
红嘴鸥	*Larus ridibundus*	1 356	6.8%
总计		15 666	78.3%

本次调查在崇明东滩记录到白头鹤79只（2005年1月中旬在崇明东滩记录到白头鹤116只），超过国际重要湿地的物种数量的1%标准（10只）。

本次调查记录到受胁鸟类6种，见表3。另外，2004年11月在崇明东滩记录到国家二级重点保护鸟类小天鹅5只，2005年1月中旬在崇明东滩记录到国家二级重点保护鸟类灰鹤4只，2005年1月上海市水鸟调查期间在崇明岛记录到花脸鸭28只，在沿江边滩记录到鸳鸯1只。

本次调查，在崇明岛记录到黑脸琵鹭4只。2005年1月以及2004年1月也在崇明东滩记录到黑脸琵鹭。这表明，部分黑脸琵鹭在上海地区越冬。

本次调查在九段沙湿地自然保护区记录到遗鸥两只。志愿者王吉衣拍摄到该鸟的照片。该鸟为上海地区新纪录。

表 3　本次调查记录到的濒危鸟类

种 类	学 名	数量(只)	濒危等级
遗鸥	*Larus relictus*	2	V, I
黑脸琵鹭	*Platalea minor*	4	V，II
白琵鹭	*Platalea leucorodia*	21	II
黑嘴鸥	*Larus saundersi*	34	V
鸿雁	*Anser cygnoides*	10	NT
白头鹤	*Grus monacha*	79	V，I

注：V- 列入 BirdLife International 红皮书的易危(Vulnerable)物种名录; NT-近危物种；I- 国家一级重点保护鸟类；II - 国家二级重点保护鸟类。除 4 只黑脸琵鹭、21 只白琵鹭外，另有 6 只未识别的琵鹭。

3 主要结论

3.1 自然保护区的建立对湿地鸟类的保护起到了重要作用

本次调查包括两个自然保护区：崇明东滩鸟类自然保护区和九段沙湿地自然保护区。从鸟类的分布来看，崇明东滩鸟类自然保护区及邻近地区(崇明东滩国际重要湿地)记录到水鸟为 34 种 6 723 只；九段沙湿地自然保护区记录到水鸟 16 种 8 205 只。两个区域记录到水鸟 37 种 14 928 只；占本次记录到水鸟总种类的 80.9%和总数量的 74.6%。远高于保护区以外区域。这表明，自然保护区的建立对水鸟的保护起到了极其重要的作用。

3.2 自然湿地是水鸟的重要栖息地类型，人工湿地对自然湿地具有补偿作用

本次调查在自然湿地记录到水鸟数量约占总数量的 70%，这意味着自然湿地是水鸟的主要栖息地，具有重要的保护价值。同时，在水产品养殖塘、水库、人工湖等人工湿地中记录的水鸟数量约为 4 000 只，占水鸟总数的 1/5。在人工湿地还记录到黑脸琵鹭，白琵鹭，花脸鸭等受胁鸟类。这表明，人工湿地能够为一些水鸟类群提供适宜的栖息地，对自然湿地起到一定的补偿作用。

3.3 偷猎现象仍是冬季水鸟面临的威胁之一

在本次调查过程中，在崇明岛、九段沙、沿江滩涂、内陆等区域都有当地群众反映有偷捕偷猎野生鸟类的现象。这说明，偷猎现象仍是冬季水鸟面临的危险之一。

3.4 自然湿地及水鸟面临着严重的威胁

尽管上海地区水鸟的种类和数量都非常丰富，但从本次调查的结果来看，自然湿地正面临着严重的威胁。具体表现在以下几方面：

3.4.1 由于滩涂的快速围垦，自然湿地快速丧失，使水鸟赖以生存的栖息地迅速丧失。特别是沿江滩涂湿地，由于多次围垦，滩涂面积迅速减少，自然湿地丧失殆尽。这直接影响着上海地区对水鸟的环境容纳量。

3.4.2 人类活动对自然湿地上水鸟的正常栖息带来了严重影响。冬季正值捕捉鳗苗的高峰期，本次调查发现，在崇明岛、九段沙、沿江边滩的滩涂湿地上的捕鳗船和高架棚上千只(间)，滩涂上人类活动频繁，对水鸟带来了严重的干扰。淀山湖水域密布的网箱养殖和频繁的人类活动对越冬鸟类也带来很大影响。沿江滩涂的建设项目也对水鸟有一定干扰。

3.4.3 外来物种互花米草在滩涂湿地的快速扩散对水鸟的栖息地也带来了严重的威胁。由于互花米草的入侵，改变了湿地生态系统的结构，并影响到湿地鸟类的食物及栖息地。从本次调

查的结果来看，互花米草群落中不仅水鸟非常罕见，陆生鸟类的种类和数量也少于芦苇群落、海三棱藨草群落以及光滩等栖息地类型。

4 湿地及水鸟保护的建议

4.1 加强对重要湿地的保护

本次调查表明，自然保护区的建立对湿地及水鸟的保护起到了重要的作用。然而，目前，两个自然保护区都面临着人类活动干扰、互花米草入侵、偷捕偷猎等的威胁。因此，采取有效的手段，加强对自然保护区及邻近地区重点湿地的保护是上海地区水鸟保护的关键。

4.2 控制滩涂围垦的速度和规模

对滩涂湿地的快速围垦已造成自然湿地面积的迅速减少，并对水鸟的栖息带来严重影响。尽管长江挟带的泥沙在河口区域的淤积使滩涂面积不断增加，但随着长江中、上游地区的大型水利建设项目和水土保持工程的开展，长江入海的泥沙量已逐渐减少，河口区域滩涂的淤涨速度将逐渐放慢。因此，对滩涂的围垦要保持适当的速度，保留足够面积的滩涂湿地为水鸟提供栖息场所。

4.3 加强对人工湿地鸟类群落的研究和科学管理

人工湿地是水鸟的重要栖息地类型之一。水产品养殖塘等人工湿地在科学的管理下，不仅能够获得一定的经济效益，同时，可以为湿地鸟类提供良好的栖息地。但随着春节的临近，一些水产养殖塘内已开始放水收获。这对水鸟的栖息及其不利。近年来的调查也表明，水产品养殖塘内的水放干后水鸟将无法栖息。因此，加强对人工湿地的管理，如轮流放水收获，使部分塘中保持一定深度的积水可为水鸟提供栖息地。这方面的实践有待于通过进一步的研究来确定科学的管理对策。

4.4 加强对滩涂湿地上人类活动的有效管理

滩涂湿地是上海地区越冬鸟类最主要的栖息地。因此，滩涂湿地的管理是水鸟及湿地保护的重点。通过控制冬季捕鳗船只和高架棚的数量，减少滩涂上人类活动对水鸟的干扰，可提高滩涂湿地对水鸟的环境容纳量，为水鸟提供良好的栖息环境。

4.5 减少对水鸟的偷猎现象

一方面，在水鸟分布集中的地区要加大执法力度，减少偷猎现象的发生。对保护区外的偷猎现象也应采取有效的打击措施。同时，通过加强宣传和公众教育，提高公众的自然保护意识。

附录：上海组记录的水鸟名录

英文名	种名	总计	崇明岛	沿江滩涂	内陆湿地	九段沙
Common Teal	绿翅鸭	**4 706**	145	215	0	4 346
Herring Gull	银鸥	**3 664**	1 923	287	57	1 397
Spot-billed Duck	斑嘴鸭	**3 516**	1 607	49	0	1 860
Dunlin	黑腹滨鹬	**2 424**	2 028	141	0	255
Black-headed Gull	红嘴鸥	**1 356**	4	413	939	0
Mallard	绿头鸭	**507**	464	0	0	43
Little Egret	小白鹭	**441**	255	185	0	1
Great Cormorant	普通鸬鹚	**549**	368	180	0	1
Eurasian Curlew	白腰杓鹬	**279**	190	89	0	0
Grey Heron	苍鹭	**243**	187	11	1	44
Grey Plover	灰斑鸻	**232**	232	0	0	0

英文名	种名	总计	崇明岛	沿江滩涂	内陆湿地	九段沙
Kentish Plover	环颈鸻	145	0	111	0	34
Little Grebe	小鸊鷉	132	45	53	34	0
Spotted Redshank	鹤鹬	112	90	0	0	22
Northern Shoveler	琵嘴鸭	108	35	0	0	73
Northern Pintail	针尾鸭	106	1	103	0	2
Intermediate Egret	中白鹭	97	97	0	0	0
Tufted Duck	凤头潜鸭	89	35	54	0	0
Hooded Crane	白头鹤	79	79	0	0	0
Great-crested Grebe	凤头鸊鷉	63	0	63	0	0
Gadwall	赤膀鸭	58	58	0	0	0
Goosander	普通秋沙鸭	58	39	0	0	19
Common Snipe	扇尾沙锥	57	57	0	0	0
Mew Gull	海鸥	48	5	33	10	0
Common Moorhen	黑水鸡	43	29	3	11	0
Saunders's Gull	黑嘴鸥	34	34	0	0	0
Whiskered Tern	须浮鸥	32	0	0	32	0
Common Greenshank	青脚鹬	30	29	0	0	1
Eastern Great Egret	大白鹭	28	27	1	0	0
Common Coot	骨顶鸡	28	24	4	0	0
Green Sandpiper	白腰草鹬	27	4	0	23	0
Eurasian Spoonbill	白琵鹭	21	21	0	0	0
Common Sandpiper	矶鹬	17	4	2	11	0
Bean Goose	豆雁	15	15	0	0	0
Swan Goose	鸿雁	10	10	0	0	0
Black-faced Spoonbill	黑脸琵鹭	4	4	0	0	0
Common Pochard	红头潜鸭	4	0	4	0	0
Pied Avocet	反嘴鹬	4	0	4	0	0
Marsh Sandpiper	泽鹬	4	0	0	4	0
Red-throated Diver	红喉潜鸟	3	1	2	0	0
Eurasian Wigeon	赤颈鸭	3	0	0	0	3
Falcated Duck	罗纹鸭	2	2	0	0	0
Black-tailed Gull	黑尾鸥	2	2	0	0	0
Relict Gull	遗鸥	2	0	0	0	2
Chinese Pond-Heron	池鹭	1	1	0	0	0
Ruff	流苏鹬	1	0	1	0	0
UID Spoonbill	未识别琵鹭	6	6	0	0	0
UID Shorebirds	未识别鸻鹬	41	37	4	0	0
UID Duck	未识别鸭类	573	471	0	0	102
总计		20 004	8 665	2 012	1 122	8 205

APPENDIX 2：PARTICIPANTS LIST OF WATERBIRD SURVEY IN THE MIDDLE AND LOWER YANGTZE RIVER FLOODPLAIN

附录2：2005年长江中下游水鸟调查调查人员名单

Hubei team
Leader: Hu Hongxing
Members(alphabetic): Chen Zhihong, Dong Jiangtian, Kang Hongli, Li Zhenwen, Zhu Mihui

湖北组
领队：胡鸿兴
队员(按拼音顺序，以下同)：陈志鸿　董江天　康洪莉　李振文　朱觅辉

Hunan team
Leader: Jiang Yong
Members: Bai Qingquan，Gao Dali, Li Fei，Li Yunfei, Liu Xiangkui, Yao Yi, Zhang Hong

湖南组
领队：蒋勇
队员：白清泉　高大力　李飞　李云飞　刘向葵　姚毅　张宏

Anhui team
Leader: Gu Changming
Members: Cao Lei, Lu Yu, Mark Barter, Wang Guosheng, Wu Yuelong, Xu Wenbin, Zhu Wenzhong

安徽组
领队：顾长明
队员：Mark Barter　曹垒　卢昱　汪国胜　吴月龙　徐文彬　朱文中

Jiangsu team
Leader: Wang Hui
Members: Chang Qing, Chen Jianzhong, Li Aimin, Li Bin, Shi Xuezhong, Yin Peng, Zhang Chenling

江苏组
领队：王会
队员：常青　陈建中　李爱民　李斌　史学忠　殷鹏　张晨龄

Jiangxi team
Leader: Ji Weitao
Members: Cao Dasang, Cao Qixin, Guo Hua, Huang Wenjie, Li Qiang, Liu Guanhua, Sheng Xianhe, Wang Jieyin, Wang Zhiru, Wu Jiandong, Wu Xudong, Yang Qibo, Yi Wusheng, Yu Jianfeng

江西组

领队：纪伟涛

队员：曹达桑　曹旗鑫　郭华　黄文杰　李强　刘观华　盛显和　王结印　汪志如　吴建东
伍旭东　杨启波　易武生　余剑锋

Shanghai team

Leader: Ma Zhijun

Members: Du Dechang, Gan Xiaojing, Jin Huiyu, Jin Weiguo, Niu Dongliang, Shen Yunlong, Tang Shimin, Wang Jiyi, Xia Shuzhong, Yuan Xiao, Zhang Kejia, Zheng Lin

上海组

领队：马志军

队员：杜德昌　干晓静　金惠宇　金伟国　纽栋梁　沈云龙　唐仕敏　王吉衣　夏述忠
袁晓　章克家　郑麟

APPENDIX3：WATERBIRD COUNT FORM
附录3：水鸟调查表

Name姓名:.. Site name地名:..............................

Address地址:..............................Survey method调查方法:.................. ....

Coordinates坐标:..

Date调查日期..... ... ... Start开始时间:..............Finish结束时间:.......................

Tide潮汐状况:.................. Habitat:湿地类型..

Count disrupted?是否有计数中断..............Total coverage?是否覆盖了整个地区...............
....

Total species总的鸟类种量..........种. Total birds总的鸟类数量..............只

Comments备注:...

Species 种类	Chinese name 中文名	Total 总数	Notes 说明
Red-throated Diver	红喉潜鸟		
Pacific Diver	太平洋潜鸟		
Little Grebe	小鸊鷉		
Red-necked Grebe	赤颈鸊鷉		
Great-crested Grebe	凤头鸊鷉		
Slavonian Grebe	角鸊鷉		
Black-necked Grebe	黑颈鸊鷉		
Dalmatian Pelican	卷羽鹈鹕		
Great Cormorant	普通鸬鹚		
Japanese Cormorant	日本鸬鹚		
Grey Heron	苍鹭		
Eastern Great Egret	大白鹭		
Intermediate Egret	中白鹭		
Purple Heron	草鹭		
Cattle Egret	牛背鹭		
Striated Heron	绿鹭		
Chinese Pond-Heron	池鹭		
Little Egret	白鹭		
Eastern Reef Heron	岩鹭		
Black-crowned Night-Heron	夜鹭		
Eurasian Bittern	大麻鳽		
Black Bittern	黑鳽		
Black Stork	黑鹳		
Oriental White Stork	东方白鹳		
Eurasian Spoonbill	白琵鹭		
Black-faced Spoonbill	黑脸琵鹭		

Species 种类	Chinese name 中文名	Total 总数	Notes 说明
Whooper Swan	大天鹅		
Tundra Swan	小天鹅		
Swan Goose	鸿雁		
Bean Goose	豆雁		
Greater White-fronted Goose	白额雁		
Lesser White-fronted Goose	小白额雁		
Grey-lag Goose	灰雁		
Ruddy Shelduck	赤麻鸭		
Common Shelduck	翘鼻麻鸭		
Mandarin Duck	鸳鸯		
Eurasian Wigeon	赤颈鸭		
Falcated Duck	罗纹鸭		
Gadwall	赤膀鸭		
Baikal Teal	花脸鸭		
Common Teal	绿翅鸭		
Mallard	绿头鸭		
Spot-billed Duck	斑嘴鸭		
Northern Pintail	针尾鸭		
Garganey	白眉鸭		
Northern Shoveler	琵嘴鸭		
Common Pochard	红头潜鸭		
Baer's Pochard	青头潜鸭		
Tufted Duck	凤头潜鸭		
Greater Scaup	斑背潜鸭		
Common Scoter	黑海番鸭		
Velvet Scoter	斑脸海番鸭		
Common Goldeneye	鹊鸭		
Smew	白秋沙鸭		
Red-breasted Merganse	红胸秋沙鸭		
Scaly-sided Merganser	中华秋沙鸭		
Goosander	普通秋沙鸭		
Siberian Crane	白鹤		
White-naped Crane	白枕鹤		
Common Crane	灰鹤		
Hooded Crane	白头鹤		
Red-crowned Crane	丹顶鹤		
Swinhoe's Rail	花田鸡		
Slaty-breasted Rail	蓝胸秧鸡		
Water Rail	普通秧鸡		
Brown Crake	红胸苦恶鸟		
White-breasted Waterhen	白胸苦恶鸟		
Baillon's Crake	小田鸡		
Ruddy-breasted Crake	红胸田鸡		

Species 种类	Chinese name 中文名	Total 总数	Notes 说明
Watercock	董鸡		
Common Moorhen	黑水鸡		
Common Coot	骨顶鸡		
Greater Painted-Snipe	彩鹬		
Eurasian Oystercatcher	蛎鹬		
Black-winged Stilt	黑翅长脚鹬		
Pied Avocet	反嘴鹬		
Northern Lapwing	凤头麦鸡		
Grey-headed Lapwing	灰头麦鸡		
Grey Plover	灰斑鸻		
Long-billed Plover	长嘴剑鸻		
Little Ringed Plover	金眶鸻		
Kentish Plover	环颈鸻		
Eurasian Woodcock	丘鹬		
Solitary Snipe	孤沙锥		
Pintail Snipe	针尾沙锥		
Swinhoe's Snipe	大沙锥		
Common Snipe	扇尾沙锥		
Black-tailed Godwit	黑尾塍鹬		
Bar-tailed Godwit	斑尾塍鹬		
Eurasian Curlew	白腰杓鹬		
Spotted Redshank	鹤鹬		
Common Redshank	红脚鹬		
Common Greenshank	青脚鹬		
Green Sandpiper	白腰草鹬		
Common Sandpiper	矶鹬		
Red-necked Stint	红颈滨鹬		
Temminck's Stint	青脚滨鹬		
Dunlin	黑腹滨鹬		
Black-tailed Gull	黑尾鸥		
Mew Gull	海鸥		
Herring Gull	银鸥		
Slaty-backed Gull	灰背鸥		
Common Black-headed Gull	红嘴鸥		
Saunders's Gull	黑嘴鸥		
Little Gull	小鸥		
Caspian Tern	红嘴巨鸥		
Whiskered Tern	须浮鸥		
White-winged Tern	白翅浮鸥		

APPENDIX 4: WATERBIRD COUNT FORM INSTRUCTIONS
附录4：水鸟调查表填写说明

NAME AND ADDRESSES 姓名和地址
Give name and address of count leader, and names of other counters.
请填写调查负责人的姓名和地址，以及其他调查者的姓名。

SITE NAME 地名
Give name of site and Province.
请填写调查地的地名和所在省份名称。

SURVEY METHOD 调查方法
For example – on foot, by car and/or by boat.
例如：步行、乘车或乘船。

COORDINATES 坐标
Give the latitude and longitude of the site, in degrees, minutes and seconds.
请填写调查地区所在的经度和纬度，用度、分、秒注明。

DATE, START and FINISH 调查日期，开始时间和结束时间
Use numerals for the date e.g. 29/05/02 for 29 May 2002. Use the 24 hour clock for the start and finish of the count.
用数字标明日期，例如用 29/05/02 表示 2002 年 5 月 29 日，用时、分、秒标明调查的开始时间和结束时间。

TIDE 潮汐状况
Indicate the state of the tide with the following codes 用以下代码标明调查地潮水状况。
1 - High tide (including 2 hours before or after).高潮（包括 2 小时前或以后）
2 - Going out.退潮
3 - Low tide (including 2 hours before or after).低潮（包括 2 小时前或以后）
4 - Coming In.涨潮

HABITAT 湿地类型
State whether site is coastal or inland. Use a combination of the following habitat codes to describe the site.说明调查地区是属于沿海湿地还是内陆湿地。可以从以下几种类型中选择填写。

Coastal 沿海湿地
A Permanent shallow marine waters less than six metres deep at low tide; includes sea bays and straits.
低潮时水位低于 6 米的永久性浅海水域，包括海湾和海峡地区。
B Permanent estuarine waters.永久性的江河入海口水域。
C Intertidal mud and sand.高潮线和低潮线之间的泥地和沙滩。
D Intertidal marshes. 高潮线和低潮线之间的的沼泽地。
E Coastal brackish/saline lagoons connected to the sea.通海的沿海咸水泻湖。
F Coastal freshwater lagoons; includes freshwater delta lagoons.沿海淡水泻湖，包括淡水三角洲的泻

湖。

G Other (briefly describe on Site Information Sheet).其他（请在调查地区信息表中简单地描述说明）。

Inland 内陆湿地

N Permanent inland deltas.永久性的内陆三角洲。

O Permanent rivers/streams/creeks.永久性江河、溪流、小溪。

P Seasonal/intermittent/irregular rivers/streams/creeks.季节性、间歇性或无规律的江河、溪流、小溪。

Q Permanent freshwater lakes.永久性淡水湖。

R Seasonal/intermittent freshwater lakes; includes floodplain lakes. 季节性、常年水位变化很大的淡水湖，包括洪泛平原的湖泊。

S Permanent freshwater marshes/pools.永久性淡水沼泽或池塘。

T Seasonal/intermittent freshwater marshes/pools.季节性或间歇性淡水沼泽或池塘。

U Other (briefly describe on Site Information Sheet). 其他（请在调查地区信息表中简单地描述说明）。

Artificial wetlands 人工湿地

1 Aquaculture (e.g., fish/shrimp) ponds.水产业（比如养鱼、养虾等）使用的池塘。

2 Irrigated land; includes irrigation channels and rice fields.灌溉地区，包括灌溉渠道和水田。

3 Seasonally flooded agricultural land (including intensively managed or grazed wet meadow or pasture).季节性洪泛农业用地（包括集中经营或放牧的湿润的草地和草原）。

4 Salt pans.盐场。

5 Water storage areas; reservoirs/barrages/dams/impoundments.蓄水地区，如水库、堰、水坝、蓄水池。

6 Wastewater treatment areas; sewage farms, settling ponds, oxidation basins, etc.废水处理地区，污水处理田、沉淀池、氧化池等。

7 Canals and drainage channels, ditches.人工运河、排水渠、壕沟。

8 Other (briefly describe on Site Information Sheet). 其他（请在调查地区信息表中简单地描述说明）。

COUNT DISRUPTED? 是否有计数中断？

If some event led to birds leaving the site without being counted put a 'Y' here and write details on the back.

如果有情况导致一些鸟离开了调查地点而没有被计数，请在这里写上”Y”，并在调查表的背面写明详情。

TOTAL COVERAGE? 是否覆盖了整个地区？

If complete, put a “Y” here, if not put “N” and % of area covered. Write details on back, if necessary.

如果走遍了整个需调查的地区，请填写“Y”；如果没有，填“N”，并注明走了该地区的百分之几，用“%”表示。如有必要请在背面写上详情。

TOTAL SPECIES AND BIRDS 总的鸟类种量和数量

Record the totals on the sheet for each of the species you observed. Then write the total numbers of species and waterbirds recorded at the top. The “Notes” column can be used for subtotals, sub-species, age ratiosetc.

在表格中记录你们观察到的每种鸟的数量，然后把总的鸟类种量和数量填在表格上方的横线上。“说明”一栏可用作鸟类数量小计、说明亚种、年龄比率等。

UNIDENTIFIED WATERBIRDS 未确认的水鸟

Record in the “blank” rows at the bottom of sheet, giving species group (e.g. cranes, ducks) and totals.

在每页底端的空白行中记录种群的类别（比如：鹤、鸭）以及数量。

OTHER WATERBIRD SPECIES 其他水鸟

Record names and totals in "blank" rows at bottom of sheet.
如发现表格中未列出的鸟类请在表格下端的空行中记录名称和数量。

COMMENTS 备注

Provide information on weather conditions and any factors that may have affected count accuracy. Write on back, if necessary.注明是否因天气情况和其他因素可能影响了计数的准确性。必要时请把详情写在背面。

MAP 地图

Draw a sketch map on the back of the sheet. This map should be cross-referenced to the detailed site map appended to the Site Information Sheet.
请在表格背面画一张该地区的草图。这一草图应该可以和附在调查地信息表后的详细地图互相参照。

APPENDIX5: SITE INFORMATION SHEET
附录5: 调查地信息表

Province 所在省份: Site name 地名:

General location: Description of the general location. Include the site's distance (in a straight line) and compass bearing from the nearest significant town or city.
大概的位置：描述调查地点的大概位置。包括该地点离最近的重要乡镇或城市的直线距离和方位。

Geographical coordinates: Latitude and longitude of the approximate centre of the site, expressed in degrees and minutes.
地理坐标：该地区大致中心区所在的纬度和经度，用度和分标明。

Site dimensions: Area (ha) and linear dimensions (km).
地区跨度：面积（公顷）和直径（公里）

Outline map of site: The most detailed and up-to-date map of the site available should be appended to the Site Information Sheet. The map should show the boundaries of the site, scale, latitude, longitude and compass bearing, administrative boundaries (e.g. county, city, etc.), the distribution of the main habitat types, hydrological features and land uses. It should also show major landmarks (towns, roads, etc.).
地区地图：请将最详细和最新的地区地图附在本表之后。地图必须标明该地区的边界、比例尺、纬度、经度、南北坐标、行政边界（例如县、市等），主要湿地类型的分布状况、水文特征和土地使用情况。地图上也必须有一些主要的地标比如城镇、道路等。

Wetland types: Specify if the site is coastal or inland. Identify, using codes, all of the wetland habitat types which are present within the site (see below).
湿地类型：说明调查地区是属于沿海湿地还是内陆湿地。选择以下的代码表示湿地类型。该地区所有可能的湿地类型都已列出（如下）。

Coastal 沿海湿地（A、B、C、D）

A Permanent shallow marine waters less than six metres deep at low tide; includes sea bays and straits.
低潮时水位低于 6 米的永久性浅海水域，包括海湾和海峡地区。

B Permanent estuarine waters.永久性的江河入海口水域。

C Intertidal mud and sand.高潮线和低潮线之间的泥地和沙滩。

D Intertidal marshes. 高潮线和低潮线之间的的沼泽地。

E Coastal brackish/saline lagoons connected to the sea.通海的沿海咸水泻湖。

F Coastal freshwater lagoons; includes freshwater delta lagoons.沿海淡水泻湖，包括淡水三角洲的泻湖。

G Other (briefly describe on above).其他（请在上文中简单描述说明）。

Inland 内陆湿地（O、Q、R、S）

N Permanent inland deltas.永久性的内陆三角洲。

O Permanent rivers/streams/creeks.永久性江河、溪流、小溪。

P Seasonal/intermittent/irregular rivers/streams/creeks.季节性、间歇性或无规律的江河、溪

流、小溪。

Q Permanent freshwater lakes.永久性淡水湖。

R Seasonal/intermittent freshwater lakes; includes floodplain lakes. 季节性、常年水位变化极大的淡水湖，包括洪泛平原的湖泊。

S Permanent freshwater marshes/pools.永久性淡水沼泽或池塘。

T Seasonal/intermittent freshwater marshes/pools.季节性或间歇性淡水沼泽或池塘。

U Other (briefly describe on above). 其他（请在上文中简单描述说明）。

Artificial wetlands 人工湿地（1、2、3、4、5、7）

1 Aquaculture (e.g., fish/shrimp) ponds.水产业（比如养鱼、养虾等）使用的池塘。

2 Irrigated land; includes irrigation channels and rice fields.灌溉地区，包括灌溉渠道和水田。

3 Seasonally flooded agricultural land (including intensively managed or grazed wet meadow or pasture).季节性洪泛农业用地（包括集中经营或放牧的湿润的草地和草原）。

4 Salt pans.盐场。

5 Water storage areas; reservoirs/barrages/dams/impoundments.蓄水地区，如水库、堰、水坝、蓄水池。

6 Wastewater treatment areas; sewage farms, settling ponds, oxidation basins, etc.废水处理地区，污水处理田、沉淀池、氧化池等。

7 Canals and drainage channels, ditches.人工运河、排水渠、壕沟。

Other (briefly describe on above). 其他（请在上文中简单描述说明）。

Jurisdiction: Name of the government authority with: a) territorial jurisdiction over the site, e.g., province, county or municipality, etc.; and the name of the authority with b) functional jurisdiction for conservation purposes, e.g., Nature Reserve, County Government, etc.
权属：请填该区域权属部门，包括 a.地域上权属于哪一级别部门，如省、县或市等；b.功能上权属于哪一部门，如自然保护区、县政府等。

Management authority: The name, address and contact details of the body responsible for the local conservation and management of the site.
管理部门：负责该地区保护和管理的机构的名称、地址和具体联系方式。

Physical features: A short description of the principal physical characteristics of the site, covering the following points where relevant: hydrology (including seasonal water balance, inflow and outflow); water quality (physico-chemical characteristics); depth, fluctuations and permanence of water; tidal variations; catchment area; downstream area (especially in the case of wetlands that are important in flood control).
自然特征：简略描述该地区的主要自然特征，包括以下几点：水文状况（包括季节性水量平衡状况、流入和流出的水量）；水质状况（物理—化学特征）；水深、变动水位和稳定水位；潮汐变化；排水区；下游地区（特别是对控制洪水有重要作用的湿地）。

Hydrological values: Description of the principal hydrological values of the site, e.g., flood control, sediment trapping, prevention of coastal erosion, its role in the recharge and discharge of groundwater, and maintenance of water quality.
水文价值：描述该地区主要的水文价值，例如控制洪水、沉淀废物、防止海岸侵蚀、对地下水的补给和排放的作用，以及保持水质的作用。

Ecological features: Description of the main habitats and vegetation types, listing the dominant plant communities and species.

生态特征：描述主要的湿地和植物类型，列出主要的植物群落和种类。

Current land use: Principal human activities in (a) the site itself, and, (b) in the surroundings and catchment. Give information on the human population in the area, with a description of the principal human activities and main forms of land use at the site, e.g., water supply for domestic and industrial use, irrigation, agriculture, livestock grazing, forestry, fishing, aquaculture and hunting. Some indication of the relative importance of each form of land use should be given.

当前土地利用状况：列出：a.调查地区内；b.调查地区周围和河流盆地的主要的人类活动。提供该地区的人口状况，描述调查地区的主要的人类活动和主要的土地利用方式，例如家庭和工业取水、灌溉、农业、畜牧业、林业、渔业、水产养殖业、打猎等。说明每种土地利用方式的相对重要性。

Factors affecting the ecological character of the site: This could include changes in activities, land uses and major development projects at the site or in the catchment or elsewhere which have had, are having, or may have a detrimental effect on the natural ecological character of the site (e.g., diversion of water supplies, siltation, drainage, reclamation, pollution, over-grazing, excessive human disturbance, and excessive hunting and fishing).

该地区生态影响因素：在该调查地区或周围地区，有哪些人类活动的变化、土地利用方式和主要发展项目的改变，已经、正在或可能对该地区的自然生态特征产生负面影响（例如调水、淤塞、排水、围垦、污染、过度放牧、过多的人为干扰、过度打猎和捕捞）。

Conservation measures taken: Details of any protected areas established at or around the site, and any other conservation measures taken at the site, such as restrictions on development, management practices beneficial to wildlife, closures of hunting, etc. If a Protected Area has been established, please give the date of establishment and size of the protected area. State whether a management plan exists, if it is officially approved and whether it has been implemented. If only a part of the site is included within a protected area, the area of wetland habitat which is protected should be noted. An assessment of the enforcement of legislation and effectiveness of any protected areas should be given whenever possible.

已采取的保护措施：详细说明在该地区或周围已建立的保护区，以及该地区已采取的保护措施，比如限制发展、有利于野生动植物的管理措施、禁止打猎等。如果已经建立保护区，请注明保护区建立的时间和保护区面积、是否有管理计划、是否得到官方支持，以及这些计划是否得到了贯彻实施。如果调查地区只有一部分属于保护区，请指出被保护的湿地地区。请尽可能对保护区的法律执行和保护效力做出评估。

Conservation measures proposed but not yet implemented: Details of any conservation measures which have been proposed for the site, including any proposals for legislation, protection and management.

尚未实施的保护措施：详细说明该地区已提出但尚未实施的保护措施，包括立法、保护和管理等提议。

Current scientific research and facilities: Details of current scientific research and special facilities for research.
现有的科学研究和设施：详细说明现有的相关科学研究和研究设施。

Conservation education: Details of existing programmes and facilities for conservation education and training, and comments on the educational potential of the site.
环保教育：详细说明现有的针对环境保护的教育和培训项目和设施，以及对该地区教育潜力的看法。

Recreation and tourism: Details of the use of the site for recreation and tourism, with details of existing or planned facilities. State the annual number of tourists. Indicate if tourism is seasonal, and of what type
休闲和旅游：详细说明该地区如何发展休闲和旅游，详细列出现有或计划中的旅游设施。统计该地区一年的旅客量，看该地的旅游业是否具有季节性，以及有哪些类型。

Bibliographical references: A list of key references relevant to the site, including management plans, major scientific reports, and bibliographies. When a large body of published material is available for the site, only the most important references need be cited, with priority being given to recent literature containing extensive bibliographies. Reprints or copies of the most important literature should be appended whenever possible.
参考资料目录：列出与该地区有关的主要参考资料，包括管理计划、主要的科研报告和参考书目。如果相关的出版文献很多，只要引用最重要的必需的资料，优先选取最新出版的参考书目多的文献。如果可能，要附上最重要的文献的再版或复印件。

Name and address of compiler: The full name, address and organization of the person who compiled this Site Information Sheet, together with any telephone, fax and e-mail numbers.
填表人姓名地址：填表人的全名、地址和所在单位，以及联系电话、传真和电子邮件。

Date Site Information Sheet completed 填表日期:

APPENDIX6: THE NUMBERS OF WATERBIRDS COUNTED IN TOTAL AND BY PROVINCE IN 2005

(globally-threatened species in bold; near-threatened species in ***bold italics***.)

附录6：2005年水鸟调查统计结果总计及分省记录

(英文黑体字为全球受胁种，英文黑粗斜体字为近危种)

SPECIES 种类	Total 总数 635 967	Hunan 湖南 110 566	Hubei 湖北 82 104	Jiangxi 江西 226 175	Anhui 安徽 158 743	Jiangsu 江苏 38 361	Shanghai 上海 20 018
Red-throated Diver 红喉潜鸟 *Gavia stellata*	3						3
Little Grebe 小䴙䴘 *Tachybaptus ruficollis*	6 471	1 541	2 701	1 677	342	78	132
Red-necked Grebe 赤颈䴙䴘 *Podiceps grisegena*	5			5			
Great-crested Grebe 凤头䴙䴘 *Podiceps christatus*	3 036	359	1 439	957	207	11	63
Slavonian Grebe 角䴙䴘 *Podiceps auritus*	6			6			
Black-necked Grebe 黑颈䴙䴘 *Podiceps nigricollis*	1	1					
Dalmatian Pelican 卷羽鹈鹕 *Pelecanus crispus*	1			1			
Great Cormorant 普通鸬鹚 *Phalacrocorax carbo*	9 511	3 087	3 276	1 574	914	111	549
Grey Heron 苍鹭 *Ardea cinerea*	8 599	1 390	2 957	1 356	1 835	818	243
Eastern Great Egret 大白鹭 *Ardea modesta*	4 467	977	702	64	1 693	1 003	28
Intermediate Egret 中白鹭 *Ardea intermedia*	111		5	9			97
Purple Heron 草鹭 *Ardea purpurea*	4		4				
Cattle Egret 牛背鹭 *Ardea ibis*	6		3	3			
Chinese Pond-Heron 池鹭 *Ardeola bacchus*	6	1		1	3		1
Little Egret 白鹭 *Egretta garzetta*	2 028	92	252	90	149	1 004	441
Black-crowned Night-Heron 夜鹭 *Nycticorax nycticorax*	16 934	504				16 430	
Eurasian Bittern 大麻鳽 *Botaurus stellaris*	19	1	5	2	9	2	
Black Bittern 黑鳽 *Ixobrychus flavicollis*	2			2			
Black Stork 黑鹳 *Ciconia nigra*	61	26	1	33	1		
Oriental White Stork 东方白鹳 *Ciconia boyciana*	1 194	46	45	602	501		
Eurasian Spoonbill 白琵鹭 *Platalea leucorodia*	6 853	900	1 007	2 051	2 874		21
Black-faced Spoonbill 黑脸琵鹭 *Platalea minor*	4						4
Tundra Swan 小天鹅 *Cygnus columbianus*	65 114	408	295	42 843	21 568		
Swan Goose 鸿雁 *Anser cygnoides*	61 178	76	1 260	22 313	37 519		10
Bean Goose 豆雁 *Anser fabalis*	104 519	25 768	12 846	16 340	49 550		15
Greater White-fronted Goose 白额雁 *Anser albifrons*	26 494	9 495	1 350	15 602	47		
Lesser White-fronted Goose 小白额雁 *Anser erythropus*	8 636	8 636					
Grey-lag Goose 灰雁 *Anser anser*	3 263	216	402	945	1 700		
Bar-headed Goose 斑头雁 *Anser indicus*	2		1		1		
Ruddy Shelduck 赤麻鸭 *Tadorna ferruginea*	1 424	14	84	316	1 010		
Common Shelduck 翘鼻麻鸭 *Tadorna tadorna*	94	59	23	4	8		

SPECIES 种类	Total 总数 635 967	Hunan 湖南 110 566	Hubei 湖北 82 104	JIANGXI 江西 226 175	Anhui 安徽 158 743	Jiangsu 江苏 38 361	Shanghai 上海 20 018
Mandarin Duck 鸳鸯 *Aix galericulata*	645			633		12	
Eurasian Wigeon 赤颈鸭 *Anas penelope*	5 211	449	27	4 675	53	4	3
Falcated Duck 罗纹鸭 *Anas falcata*	14 763	13 605	970	55	90	41	2
Gadwall 赤膀鸭 *Anas strepera*	273	71	12	106	26	0	58
Common Teal 绿翅鸭 *Anas crecca*	43 037	10 699	3 506	20 076	3 546	504	4 706
Mallard 绿头鸭 *Anas platyrhynchos*	13 884	2 032	1 743	8 224	888	490	507
Spot-billed Duck 斑嘴鸭 *Anas poecilorhyncha*	29 210	686	3 579	17 512	3 740	177	3 516
Northern Pintail 针尾鸭 *Anas acuta*	9 281	790	142	8 042	198	3	106
Northern Shoveler 琵嘴鸭 *Anas clypeata*	307	65	26	85	4	19	108
Canvasback 帆背潜鸭 *Aythya valisineria*	1					1	
Common Pochard 红头潜鸭 *Aythya ferina*	3 809		2 441	25	9	1 330	4
Baer's Pochard 青头潜鸭 *Aythya baeri*	8					8	
Ferruginous Duck 白眼潜鸭 *Aythya nyroca*	123		117	6			
Tufted Duck 凤头潜鸭 *Aythya fuligula*	2 292	46	1 821			336	89
Greater Scaup 斑背潜鸭 *Aythya marila*	16	12				4	
Common Goldeneye 鹊鸭 *Bucephala clangula*	62	23	39				
Smew 白秋沙鸭 *Mergellus albellus*	815	152	422		240	1	
Red-breasted Merganser 红胸秋沙鸭 *Mergus serrator*	1			1			
Scaly-sided Merganser 中华秋沙鸭 *Mergus squamatus*	44			44			
Goosander 普通秋沙鸭 *Mergus merganser*	1 582	491	584	277	172		58
Siberian Crane 白鹤 *Grus leucogeranus*	2 693	5		2 683	5		
White-naped Crane 白枕鹤 *Grus vipio*	1 491			1 491			
Common Crane 灰鹤 *Grus grus*	1 689	363	391	935			
Hooded Crane 白头鹤 *Grus monacha*	1 088		44	390	575		79
Swinhoe's Rail 花田鸡 *Coturnicops exquisitus*	2			2			
Red-legged Crake 红脚苦恶鸟 *Rallina tricolor*	2	2					
Water Rail 普通秧鸡 *Rallus aquaticus*	3	1	2				
Brown Crake 红胸苦恶鸟 *Amaurornis akool*	29		16	13			
White-breasted Waterhen 白胸苦恶鸟 *Amaurornis phoenicurus*	2	1		1			
Ruddy-breasted Crake 红胸田鸡 *Porzana fusca*	1	1					
Common Moorhen 黑水鸡 *Gallinula chloropus*	2 189	51	1 312	242	528	13	43
Common Coot 骨顶鸡 *Fulica atra*	12 414	312	5 940	2	587	5 545	28
Black-winged Stilt 黑翅长脚鹬 *Himantopus himantopus*	4			4			
Pied Avocet 反嘴鹬 *Recurvirostra avosetta*	20 636	836	810	9 448	9 530	8	4
Northern Lapwing 凤头麦鸡 *Vanellus vanellus*	8 334	895	2 346	3 071	1 986	36	
Grey-headed Lapwing 灰头麦鸡 *Vanellus cinereus*	141	14	76	16	33	2	
Grey Plover 灰斑鸻 *Pluvialis squatarola*	1 717	981	183		321		232

SPECIES 种类	Total 总数 635 967	Hunan 湖南 110 566	Hubei 湖北 82 104	JIANGXI 江西 226 175	Anhui 安徽 158 743	Jiangsu 江苏 38 361	Shanghai 上海 20 018
Long-billed Plover 长嘴剑鸻 *Charadrius placidus*	10		5	5			
Little Ringed Plover 金眶鸻 *Charadrius dubius*	22		3	13	2	4	
Kentish Plover 环颈鸻 *Charadrius alexandrinus*	4 406	116	501	12	312	3 320	145
Common Snipe 扇尾沙锥 *Gallinago gallinago*	349	95	71	97	29		57
Black-tailed Godwit 黑尾塍鹬 *Limosa limosa*	2 000			2 000			
Bar-tailed Godwit 斑尾塍鹬 *Limosa lapponica*	1	1					
Eurasian Curlew 白腰杓鹬 *Numenius arquata*	380	18	39	18	26		279
Eastern Curlew 红腰杓鹬 *Numenius madagascariensis*	9			9			
Spotted Redshank 鹤鹬 *Tringa erythropus*	9 257	156	582	7 280	682	445	112
Common Redshank 红脚鹬 *Tringa totanus*	2				2		
Marsh Sandpiper 泽鹬 *Tringa stagnatilis*	10				6		4
Common Greenshank 青脚鹬 *Tringa nebularia*	517	80	56	175	162	14	30
Green Sandpiper 白腰草鹬 *Tringa ochropus*	123	22	31	29	11	3	27
Wood Sandpiper 林鹬 *Tringa glareola*	1		1				
Common Sandpiper 矶鹬 *Tringa hypoleucos*	71	25	26	2	1		17
Dunlin 黑腹滨鹬 *Calidris alpina*	41 744	8 022	2 909	15 556	12 633	200	2 424
Ruff 流苏鹬 *Philomachus pugnax*	1						1
Black-tailed Gull 黑尾鸥 *Larus crassirostris*	7					5	2
Mew Gull 海鸥 *Larus canus*	60					4	56
Herring Gull 银鸥 *Larus argentatus*	5 364	369	717	300	239	69	3 670
Slaty-backed Gull 灰背鸥 *Larus schistisagus*	1			1			
Great Black-headed Gull 鱼鸥 *Larus ichthyaetus*	32	24	8				
Common Black-headed Gull 红嘴鸥 *Larus ridibundus*	22 616	652	17 100	1 395	790	1 323	1 356
Saunders's Gull 黑嘴鸥 *Larus saundersi*	34						34
Relict Gull 遗鸥 *Larus relictus*	2						2
Whiskered Tern 须浮鸥 *Chlidonias hybrida*	33				1		32
White-winged Tern 白翅浮鸥 *Chlidonias leucoptera*	1				1		
Unidentified egrets 未识别鹭类	12		12				
Unidentified spoonbills 未识别琵鹭	6						6
Unidentified geese 未识别雁类	11 460	7 824	40	3 536	60		
Unidentified ducks 未识别鸭类	20 333	3 151	4 671	10 498	1 305	135	573
Unidentified cranes 未识别鹤类	60			60			
Unidentified rails 未鉴别秧鸡	3	2	1				
Unidentified shorebirds 未识别鸻鹬类	9 126	3 829	56	334	19	4 847	41
Unidentified gulls 不确定鸥	9		8			1	
Unidentified waterbirds 未识别水鸟	60		60				